KB143561

├소

한번 어긋나면
평생 멀어질까 두려운
요즘 엄마를 위한
관계 수업

이토록 다정한
사춘기 상담소

이정아 지음

현대
지성

저자의 깊은 연륜과 다정한 진심이 느껴지는 훌륭한 책

***

모든 육아서는 위대하다. 아이라는 세계를 아름답게 창조하는 법을 알려주기 때문에 그렇다. 다만 조금 더 위대한 책은 따로 있다. 보통의 육아서는 아이를 잘 키우는 기법과 테크닉만 알려주지만, 훌륭한 육아서는 그것들과 함께 '치유'까지 전한다. 힘든 부모의 마음까지 안아주며 "괜찮아요, 당신은 충분히 잘하고 있습니다"라는 따스한 마음까지 선물한다. 지식뿐 아니라 진심과 사랑을 담을 수 있어야 이런 글을 쓸 수 있는데 『이토록 다정한 사춘기 상담소』가 바로 그런 책이라는 사실을 나는 어렵지 않게 깨달을 수 있었다. 이 책을 읽을지 말지 고민된다면 프롤로그만이라도 읽어보라. 저자가 경험한 깊은 세월과 독자를 위하는 진심이 그대로 느껴질 것이다.

사춘기 아이를 키우는 수많은 부모가 이런 책의 출간을 바라고 있지만, 시중에서 쉽게 만날 수 없는 이유는 부모의 마음과 아이의 마음까지 어루만지는 책을 쓰기가 정말 어렵기 때문이다. 이 책은 두 가지 모두를 잡았다. 중간중간 다양한 상황에서 사춘기 아이에게 들려주면 좋을 말과 부록 '사춘기 엄마들이 많이 하는 Q&A'에는 현실에서 늘 경험하지만 어떻게 해야 할지 막막했던 것들에 대한 지혜로운 답이 적혀 있어 실용적이기까지 하다. 한번 어긋나면 평생 멀어질까 봐 두려운 마음으로 내 사춘기 아이를 바라보는 부모님들에게 분명 실질적인 도움이 될 것이다. 많이 방황하며 흔들리고 있는 부모라면 이 책과 함께 다시 시작해보라. 언제나 부모의 작은 시작은 아이가 이루어낼 크나큰 기적의 시작과 같다.

김종원(인문교육 전문가, 『너에게 들려주는 단단한 말』 저자)

사춘기 엄마의 마음에 폭풍이 지날 때마다 펼쳐보세요

***

"잠깐 나와봐. 너 자꾸 왜 그래?" "엄마가 뭘 안다고!"

방으로 들어가 누워 핸드폰만 보는 아이에게 한마디 했더니 돌아오는 말입니다. 예의 바르고 배려심 깊었던 아이의 변화에 교육 전문가조차도 당황하고, 무슨 말을 해야 할지 막힙니다. 이런 상황이 벌어지면 엄마는 무슨 말을 어떻게 해야 할까요? 잔소리 폭탄을 퍼부어 봤자 아이는 더 거칠게 반응할 것이고, 건드리기 무서워 아무 말 않고 참자니 울화통이 터집니다. 이런 현상이 '사춘기 전용 엄마의 말'이 필요하다는 중요한 신호임을 알아차려야 합니다.

이 책은 사춘기 자녀를 둔 부모가 어떤 마음으로 어떤 대화를 나누어야 하는지 효과적이고 명쾌하게 알려주고 있습니다. 시시콜콜 캐묻지 않아야 하고, 이해되지 않아도 충분히 들어주고, 분노를 터뜨리는 아이가 나쁜 게 아님을 알려주라고 구체적으로 부모의 지침을 전하고 있습니다. 또한 사춘기의 감정과 부모 자녀의 관계, 친구 고민, 달라지는 몸과 성에 대한 대화와 청소년의 가장 큰 고민인 공부와 진로에 대한 대화법까지 전반적으로 다루어주어서 참 고맙습니다. 각 장이 끝날 때마다 답답한 사춘기 엄마의 말 연습 코너는 무슨 말을 해야 할지 막힐 때마다 찾아볼 수 있어 현실적인 도움이 됩니다.

엄마의 말이 달라지면 아이는 자신의 마음에 대한 이야기를 꺼냅니다. 사춘기 증상이 심하다 해서 이 현상이 영원히 계속되는 것은 절대 아닙니다. 다만, 그 과정에서 부모와 자녀가 만들어가는 관계에 따라 사춘기 이후 삶의 방향은 분명히 달라질 것입니다.

격정의 사춘기 끝에 고2가 된 저자의 아들이 한 말은 정말 감동적입니다. "엄마 아빠, 지금까지 저에게 두 분이 얼마나 헌신하고 잘해주셨는지 알고 있고 정말 고맙게 생각하고 있어요." 사춘기 엄마의 마음에 폭풍이 지날 때마다 『이토록 다정한 사춘기 상담소』를 통해 지혜를 찾아가시면 좋겠습니다.　　　　　**이임숙**(아동청소년 심리 전문가, 『엄마의 말 공부』 저자)

사춘기 부모의 자신감을 키워주는 친절한 가이드북

***

사춘기는 자녀와 부모 모두에게 도전적인 시기다. 사춘기를 겪는 아이들은 신체적·감정적 변화로 인해 혼란스러워하고, 부모는 이러한 변화를 이해하고 적절히 대응하기 위해 애쓰며 어려움을 겪기 때문이다. 이 책은 어느덧 사춘기를 맞이한 자녀를 둔 부모를 위한 가이드북이다. 특히 주양육자로 사춘기 아이의 특성과 반항을 이해하고 도와주고자 동분서주하는 이 땅의 엄마를 위한 내용으로 가득하다.

총 다섯 개의 장으로 구성되어 있는데, 각 장은 사춘기의 다양한 측면을 깊이 있게 다루고 있다. 첫 번째 장은 "지금껏 내가 잘못 키운 걸까?"라는 질문으로 시작해 사춘기 아이들의 감정 변화에 대해 이야기한다. 말 잘 듣던 아이가 갑자기 반항적으로 변하는 이유를 이해하고, 부모가 어떻게 반응해야 할지에 대한 구체적인 조언을 제공한다.

두 번째 장은 '관계가 망가지면 아무것도 할 수 없다'라는 명제로 사춘기 아이와의 관계 형성에 대해 다룬다. 특히 부모가 아이와의 관계를 건강하게 유지하기 위해 어떻게 대화하고 공감해야 하는지를 상세히 설명한다.

세 번째 장에서는 사춘기 아이의 신체 변화와 성을 다룬다. 부모가 아이에게 신체 변화에 대해 자연스럽게 이야기하고, 성에 대한 올바른 교육을 할 수 있는 방법을 소개한다.

네 번째 장은 '사춘기는 제2의 유아기'라는 새로운 시각으로 사춘기 아이의 스트레스와 그에 따른 대처 방법을 다룬다. 아이가 학업, 친구 관계, 부모와의 관계 등에서 받는 스트레스를 어떻게 관리하고 해소할 수 있는지에 대해 현실적인 해결책을 알려준다.

마지막 장은 '입시와 진로 사이, 엄마가 반드시 해야 할 일'이라는 주제로, 사춘기 아이의 진로와 꿈에 대해 다룬다. 이 장에서는 부모가 아이의 꿈을 지지하고 아이가 자신만의 길을 찾아갈 수 있도록 돕는 방법을 친절히 안내한다.

다섯 장에 걸친 저자의 조언을 차근히 따라가다 보면 자녀의 사춘기에 해야 할 부모의 진정한 역할은 무엇인지를 깨닫게 된다. 나아가 더는 사춘기를 어려워하거나 무서워하지 않아도 된다는 자신감을 얻게 된다. 유치원 교사로 현장 경험을 쌓고 교육학 박사가 되어 누구보다 자녀교육에 자신이 있었지만 사춘기라는 장벽 앞에 똑같이 막막함을 느낀 저자의 경험담과 다정한 조언이 큰 위로와 용기로 전해지기를 바란다.

방종임(유튜브 〈교육대기자TV〉 운영자, 『대한민국 교육키워드 7』 저자)

차례

2장 ✎ 관계가 망가지면 아무것도 할 수 없다
사춘기의 관계

3장 ❦ 달라진 몸에 대해 터놓고 이야기하기
사춘기의 외모와 성

4장 ● 사춘기는 제2의 유아기다
사춘기의 스트레스

5장 ‿ 입시와 진로 사이, 엄마가 반드시 해야 할 일
사춘기의 꿈과 진로

부록 ✒ 사춘기 엄마들이 많이 하는 Q&A

지금까지 정말 잘해오셨습니다

저는 현장에서 12년간 유치원 교사로 일하면서 어머니들을 가까이서 보았고, 교육학과 박사 학위를 따고 난 뒤에는 부모 상담을 하면서 더 밀접하게 어머니들을 만나왔습니다. 그래서인지 저는 내심 아이를 키우는 일에 자신이 있었습니다. 현장에서 만난 다양한 어머니들의 사례를 통해 자녀에게 해야 할 일과 하지 말아야 할 일에 대한 자료를 쌓아왔고, 공부를 통해 그 기초가 되는 이론을 흡수했다고 생각했기 때문입니다. 그러나 막상 제 아이를 키우는 일은 또 다른 세계의 일이었습니다.

초등학생 때까지는 말을 잘 듣던 아들에게 사춘기가 찾아오면서는 그동안 제가 갈고 닦아 왔던 지식이 모두 물거품이 되는 느낌마저 들었습니다. 누구에게 말도 못하고 남몰래 울기도 했습니다. 누구보다 아이를 잘 키울 자신이 있었는데 사춘기라는 깊고 너른 강 앞에서는 그 자신감이 한순간에 무너졌습니다.

25년 동안 교육 전문가로 살아왔지만 저 역시 한 아이의 엄마로서 처음 겪는 아이의 사춘기 앞에서는 수많은 시행착오를 경험했습니다. 내가 알던 아이가 아닌 다른 아이가 된 것 같은 생경한 느낌과 내가 지금까지 해왔던 육아가 잘못되었다고 증명하는 것 같은 아이의 모습에 스스로 자책하기도 했습니다. 아마도 제가 느꼈던 막막함과 실망감은 대부분의 사춘기 어머니들이 겪는 감정과 별반 다를 게 없을 거라 생각합니다.

저는 전문가 타이틀을 내려놓고 세상의 많은 사춘기 어머니들과 공감하고 소통하고 싶었습니다. 사춘기 아이의 거친 말과 행동에 마음을 다치고 가슴앓이를 하는 부모들의 외로움을 토닥여주고 누구나 그렇다는 말을 전하고 싶었습니다. 이 책은 그런 의도에서 집필되었습니다.

***

현장에서 상담을 하다 보면 어머니들은 그 누구보다도 자신의 아이를 잘 교육하고 싶어 합니다. 하지만 주양육자인 어머니가 우울한 마음으로 힘들어하는 모습을 정말 많이 보았습니다. 아이를 사랑하면서도 어떤 방법이 좋은지 몰라 방황하고, 자책하고, 해답을 찾지 못해 답답해하는 경우가 많았습니다.

저는 단순히 부모의 교육 방법이나 올바른 상호작용만을 위한 대화법을 제시하기보다 어머니들의 마음을 공감하고 읽어주고 싶었습니다. 아무리 발달이론을 속속들이 알고 사춘기 아이를 대하는 팁을 알아도 실생활에서 아이를 변화시키는 것은 쉬운 일이 아닙니다. 사람은 누군가 자신의 마음을 알아주고 이해해줄 때 비로소 마음의 문을 엽니다. 즉, 어머니 마음의 문이 먼저 열려 있어야 아이 마음의 문도 열 수 있습니다.

***

세상의 모든 부모는 아이를 키우는 것이 힘겹습니다. 모두가 부모라는 역할은 처음이기에 그렇습니다. 친구에게도 가까운 가족에게도 말할 수 없는 아이와의 관계에서 오는 고충과 상처를 이 책을 통해 위로받으시길 바랍니다. 제가 아들과 함께 흔들리며 부모로서 성장한 것처럼 여러분도 이 책이 끝날 때쯤이면 성장해 있기를 기대합니다. 사춘기 아이와의 마찰을 지혜롭게 극복해나가면 엄마로서 자존감도 몰라보게 높아질 것입니다. 올바른 대화를 통해 오랫동안 해결되지 않은 아이와의 관계에 마중물을 내다 보면 부모 역할에 대한 자신감도 생길 것입니다.

이 책을 통해 "나는 우리 아이에게 어떤 부모인가?"라는 아주 근원적인 질문부터 해보셨으면 합니다. 부모가 자신의 행동을 돌아보고, 자신으로부터 시작된 작은 감정의 파도가 아이를 살리기도 죽이기도 한다는 뼈아픈 사실을 깨닫길 바랍니다.

아이의 인생에서 가장 필요한 것을 줄 수 있는 사람은 부모입니다. 그것은 바로 어떤 상황에서도 변하지 않는 지지와 사랑입니다. 부모의 말과 행동이 아이에게 전달되어 아이가 변해가는 과정 속에서 부모도 성장할 것이라 확신합니다.

아이의 친구이자, 멘토이자 스승이 되는 부모, 당신을 응원합니다. 단 한 분이라도 이 책을 읽고 양육으로 인해 다친 마음에 약을 바르듯 치유되어 아이와의 관계를 지혜롭게 회복할 수 있다면 더할 나위 없이 기쁠 것입니다.

이정아

1장

지금껏 내가
잘못 키운 걸까?

사춘기의 감정

말 잘 듣던 아이가
갑자기 달라졌어요

저는 엄마라는 이유로 아들이 제 말을 따르는 것이 당연하다고 생각했습니다. 아들은 아직 어리고, 저는 어른이니까 제가 더 올바른 판단을 할 수 있다고 여겼습니다. 그런데 아들은 초등학교 5학년쯤 되더니 격하게 자기 표현을 하기 시작했습니다.

어느 날 문화센터에서 아들이 바이올린을 배우고 나오는 길이었습니다. 아들은 갑자기 바이올린을 길바닥에 던져버렸습니다. 한참을 그 자리에서 씩씩대고 있었습니다. 바이올린을 배우는 게 싫다는 것이었습니다. 순간 머리가 하얘졌습니다. 겉으로는 아들에게 지금 뭐 하는 거냐며 화를 냈지만 집에 돌아오는 내내 머릿속에서는 한 가지 물음이 엉킨 실타래처럼 풀리지 않았습니다. '그동안 내가 뭘 잘못했지?'

저는 어떤 엄마보다 아들의 의견을 존중해왔다고 믿고 있었습니다. 교육학을 공부했기에 어릴 때부터 학습을 강요하기보다 여행과 체험 중심으로 다양한 경험을 쌓아주려고도 애를 썼습니다. 공부한 대로 아들을 키워왔는데 이런 행동이 당황스러웠습니다. 집에 도착해서 아들에게 아까는 왜 그런 거냐며 조심스럽게 말을 걸었습니다. 아들은 바이올린 소리를 들으면 짜증이 나고 예민해진다고 했습니다. 깡깡 대는 바이올린 소리가 자기 성격을 더 예민하게 만드는 것 같아 싫다고 말했습니다.

공대 출신인 아빠와 교육학을 전공한 엄마 밑에서 자란 아이가 음악적 재능이 없는 것은 어쩌면 당연했습니다. 아마도 아들은 제가 배우라고 하니까 내색하지 않고 어쩔 수 없이 따랐던 것 같습니다. 그동안 아들은 얼마나 힘들고 피곤했을까요. 그럼에도 저는 연주할 수 있는 악기가 하나쯤은 있어야 인생이 풍요롭다는 생각을 버릴 수 없었습니다. 아들과 상의 끝에 바이올린보다 낮고 둔감한 소리를 내는 첼로로 악기를 바꿔서 배우기로 했습니다.

다행히 첼로를 배우며 아들은 빠르게 마음의 안정을 찾았습니다. 바이올린을 연주할 때는 짜증이 났는데 첼로를 연주할 때는 오히려 마음이 편안해진다고 했습니다. 그렇게 배운 첼로로 할머니의 칠순 때 가족들 앞에서 연주를 뽐내기도 했고, 오케스트라 단원에 합격해 무대에 서보는 귀한 경험도 했습니다.

자기 생각을 말하는 건
사춘기가 왔다는 증거

요즘은 빠르면 4학년 때부터 자기 표현을 하기 시작합니다. 다르게 말하면 엄마가 하는 말에 불만을 표출하는 것이지요. 자기를 표현한다는 것은 생각을 체계적으로 정리할 수 있다는 뜻으로 그만큼 아이가 성장했다는 증거입니다. 그런데 엄마들은 이때 무척 당황합니다. 그동안 아이를 존중하며 키웠다고 느끼는데 갑자기 엄마가 하는 말에 화를 내고 반대 의견을 제시하니까요. 저도 평소 아들이 제 말을 잘 들으면 "우리 아들 착하지", "우리 아들, 엄마 말 잘 듣지"라고 말했습니다. 독립적인 인격체임에도 불구하고 아직 성인이 되지 않았다는 이유만으로 아이를 제 뜻대로 하고 싶었던 것은 아닐지 모르겠습니다.

엄마는 '품 안의 자식'인 아이를 어리게 보지만 어느 날 아이가 갑자기 훌쩍 성장해 변하는 시기는 필연적으로 옵니다. 아이가 갑자기 짜증을 내고 자기의지를 표현하는 시기, 바로 그 무섭다는 '사춘기님'이 온 때입니다. 엄마가 무슨 말만 하면 아이 눈에서 찌릿찌릿 스파클이 일어납니다. 엄마는 참지 못하고 "어디서 엄마를 그런 눈으로 쳐다봐?", "너무 버릇이 없어서 큰일이다. 대체 어디서 배운 거야?"라고 아이를 나무라게 됩니다.

아이 내면에 어떤 변화가 찾아왔고 어떤 생각을 하고 있는지 알려고 하기보다 겉으로 드러난 문제 행동에만 집중하는 것이지요. 내 아이가 버릇없는 아이가 될까 봐 두렵고, 타인을 존중하지 않는 아이로 크는 것은 아닌지 혹여 친구들이나 선생님한테 미움을 받지는 않을지 걱정합니다. 아이의 감정을 바라보기보다 교육적 차원에서 접근하는 것입니다. 아니, 더 진솔하게 말하면 지금껏 힘들게 키워준 엄마 자신을 무시하는 거 아닌가 하는 생각에 '감히'라는 말이 가장 먼저 머릿속에 떠오르면서 괘씸하다는 생각이 드는 것이지요. 이 시기의 아이들은 엄마가 훈계하듯이 말하면 화내면서 방으로 들어가거나 방문을 잠가버리기도 합니다. 하루 종일 게임에 몰두하는 모습에 엄마와 다투는 일이 잦아지는 것도 이맘 때쯤입니다. 엄마는 말 잘 듣던 아이가 갑자기 통제되지 않으니 "저놈이", "쟤가 왜 저래?" 하면서 답답한 마음에 고개를 갸우뚱하지요.

엄마의 머릿속에는 그동안 말 잘 들었던 아이의 모습이 있기 때문에 아이를 객관적으로 바라보기가 힘듭니다. 매번 올바른 육아 방법으로 키우려고 노력했던 것 같은데 내 맘 같지 않은 아이를 이해하기도 힘들지요. 꼭 잘못된 성적표를 받는 느낌입니다. 이때 엄마는 대개 자신의 어린 시절을 떠올려 이해해보려고 합니다. 부모님 말씀 잘 듣고 공부 잘하고 대학에 가고 큰 말썽을 부리지 않고 살아온 엄마일수록 아이를 이해하지 못합니다. 결국 "쟤는 도대체 누구 닮아서 저래?", "나는 어렸을 때 안 그랬는데"라면서 갈등의 골이 깊어지지요.

'어디서 감히?'
대신 필요한 태도

인간은 감정의 동물입니다. 인간이 동물과 다른 점은 말을 할 수 있고, 생각을 할 수 있다는 것이지요. 이 사실을 모르는 부모는 없습니다. 그러나 내 아이가 말로 자신의 생각을 표현하면 부모의 말에 토를 다는 것으로 받아들여 매우 민감하게 반응합니다.

우리나라 부모들은 '동방예의지국'이라는 가치관 아래 어렸을 때부터 어른 말에는 대꾸하면 예의가 없는 사람이라고 교육받아 왔습니다. 서양에서 아이들이 식사할 때나, 학교생활을 할 때 자신의 의견을 자유롭게 말하도록 교육받는 것과는 상반된 모습이지요. 자기 의견을 표현하는 것이 어른을 무시하는 행동이 아닌데도, 우리나라 부모들은 아이가 의견을 표현하는 과정에서 조금이라도 감정이 격해지면 예의가 없으며 심지어 불효자라고 생각하는 경향이 있습니다.

이것은 오래전 고대부터 시작된 우리 문화와 서양 문화의 차이에서 기인된 것이라고 볼 수 있습니다. 리처드 니스벳 박사는 『생각의 지도』(2014, 김영사)에서 동양과 서양은 서로 다른 자연환경, 사회구조, 철학사상, 교육제도로 인해 사고방식과 지각방식에도 차이가 있다고 말합니다. 동양은 좀 더 종합적으로 사고하기 때문에 부분보다는 전체에 주의를 기울여 튀지 않으려고 하고 대세에 따르려고 합니다. 사물을 독립적으로 파악하기보다는 그 사물이 다른 사물들과 맺고 있는 관계를 통해 통합적으로 파악합니다. 반면 서양은 분석적으로 사고하기 때문에 사물이나 사람 그 자체에 주의를 기울여 독립적으로 파악하고 논리나 규칙을 중시하지요. 때문에 동양에 비해 개인의 생각이 중시되고 나이나 직위에 상관없이 소통하는 것이 자연스럽습니다. 이제 우리나라에서도 부모 자식 간의 소통을 개인 대 개인이 만나는 것으로 보고 아이의 생각을 존중해야 합니다. 이 원칙만 제대로 지켜진다면 아이를 나무랄 일도 아이와 다툴 일도 현저히 줄어들 것입니다.

자, 그렇다면 아이의 달라진 모습에 우리는 어떻게 반응해야 할까요? 갑자기 짜증을 내고 엄마를 향해 날카로운 감정의 화살을 쏘는 아이를 보며 '이건 자연스러운 현상이야. 잠깐 숨을 고르고 생각해보자'라고 스스로를 다잡아야 합니다. 아이를 자신의 소유물이나 성적표로 보지 않고, 아이가 자신의 강점을 표현하기 시작했다는 것을 받아들이며, 엄마 스스로를 돌아보는 시간을 가져야 합니다. 미국의 교육학자 존 듀이John Dewey는 "아이들의 교육을 진정으로 생각하는 사람은 성공뿐만 아니라 실패에서도 많은 것을 배운다"라고 말했습니다. 어른이 되어서도 배울 것은 여전히 많습니다.

별거 아닌 일에
불같이 화를 내요

어느 날 아들이 이런 말을 한 적이 있습니다. "엄마, 화가 났다가 사라지고 나면 화를 냈던 나는 마치 내가 아니었던 거 같아요." 아들은 화를 내고 나면 마음속에 폭풍이 지나간 느낌이라고 했습니다. 아들의 표현은 정확합니다. 화는 그저 폭풍처럼 지나가는 감정에 불과합니다. 엄마들 역시 감정에 대해서 배워본 적이 없기에 아이가 화를 내면 당장 치워야 할 나쁜 것, 좋지 않은 태도와 행동을 불러일으키는 것으로 생각하곤 합니다. 우리는 감정에 대한 생각을 바꿔야 합니다.

감정의 종류는 기쁨, 노여움, 슬픔, 즐거움 등으로 다양합니다. 여기서 기쁨과 즐거움은 좋은 감정이고 노여움과 슬픔은 나쁜 감정일까요? 그렇지 않습니다. 감정 자체는 나쁠 수가 없습니다. '화'라는 감정도 그저 인간이 살면서 발생하는 감정 중 하나일 뿐이지요. 오히려 먹구름이 끼면 비가 오는 것처럼 자연스러운 일에 가깝습니다. 먹구름을 보면 비가 올 것을 예상하고 우산을 준비하거나 장화를 신듯이, 기분이 나빠지거나 슬며시 화가 나려고 하면 폭발하지 않도록 다스리고 해소할 수 있는 방법을 찾으면 그만입니다.

　화는 유아들에게도 흔히 생기는 감정입니다. 다만 유아기 아이들은 자신에게 '먹구름'이 오고 있다는 것을 인지하지 못하는 경우가 대부분이기에 감정을 다스리지 못합니다. 사춘기 아이도 유아기 아이와 비슷합니다. 사춘기 아이는 인생을 통틀어 그 어느 때보다 자신의 감정을 제대로 다스리지 못합니다. 질풍노도의 시기라는 이름에 걸맞게 다양한 감정이 동시다발적으로 생겨나기에 어떤 감정을 따라야 하는지 주체하지 못하는 것이지요. 이때 아이는 대개 마음속에서 가장 큰 소리로 들리는 감정을 따르게 되는데 그 감정이 바로 분노입니다. 때문에 사춘기에는 다른 시기에 비해 훨씬 자주, 훨씬 폭발적으로 화를 표출합니다.

　갑자기 분노를 폭발하는 사춘기 아이를 가만히 들여다보면 별거 아닌 일인데, 감정을 처리하는 방법을 몰라서 그러는 경우가 대부분입니다. 사춘기 아이는 대개 교우관계에 문제가 있거나 부모와의 사이에서 해결되지 못한 일이 있을 때 화로 자신의 불편한 마음을 드러냅니다. 또는 부족한 자기 자신을 보면서 화를 내기도 합니다.

시시콜콜
캐묻지 말자

사춘기 아이가 화를 낼 때 부모는 어떻게 하는 것이 바람직할까요? 일단 아이에게 분노가 찾아왔음을 인지하고 구체적으로 캐묻지 않도록 합니다. 저를 찾아와 상담했던 어느 어머니는 아이가 계속 화를 내는데, 왜 그러는지 물어봐도 속사정을 이야기하지 않아 답답하다고 했습니다. 그런데 제가 나중에 아이에게 확인해보니 아이 속은 더 까맣게 타고 있었습니다. 이러지도 저러지도 못하는 상황에서 엄마가 옆에서 채근까지 하니 더 스트레스를 받는다고 말했지요.

엄마들은 이유를 알고 싶어 합니다. '왜'에 대한 대답을 들어야 아이를 이해할 수 있다고 이성적으로 생각합니다. 물론 아이가 갑자기 화를 낼 때는 분명 이유가 있습니다. 그동안 부모가 권위적으로 한 행동에 불만이 가득 쌓였기 때문일 수도, 부모에게 말하기 싫은 학교생활의 문제일 수도 있지요. 아이는 시시콜콜 전부 말하고 싶어 하지 않습니다. 엄마와의 관계에서 자존심에 상처를 받은 적이 있다면 더욱 말을 하지 않습니다. 그동안 엄마가 자신을 믿어주지 않은 경험, 엄마가 자기 말을 들어주지 않은 경험 등이 있으면 아이는 말해봐야 바뀌지 않을 것이기에 그저 엄마가 듣고 싶어 하는 말만 합니다. 그렇게 해야 엄마와 싸우기 않기 때문이지요.

이해되지 않아도
충분히 들어주자

아이들도 자존심이 있습니다. 엄마가 보기에는 별일도 아닌데 아이가 화를 심하게 낸다고 무시해서는 안 됩니다. 성인과 달리 사춘기 아이들은 사회나 친구에 대한 이해의 폭이 넓지 않기 때문에 무조건 아이의 이야기를 충분히 들어주는 것이 먼저입니다. 엄마의 말을 앞세우지 않고 아이의 이야기를 끝까지 듣고 감정을 이해해주면 아이의 화는 차츰 가라앉을 것입니다. 아이의 사춘기에는 이성보다 감성을 우선해야 합니다. 그래야 소통이 됩니다.

저의 경우, 아들이 거짓말을 해서 편을 가르는 친구를 보면 속상하다고 성토한 적이 있습니다. 정직한 학생이 아닌데 선생님도 그 아이를 칭찬하고 다른 친구들도 그 아이를 따른다는 것이지요. 점수를 잘 받기 위해 다른 친구를 이용하기도 하고 선생님 앞에서 착한 척을 하는 아이라고 비난했습니다. 아들은 그 말을 하면서 씩씩거리며 분노를 참지 못했습니다. 저는 속에서 "네 일도 아닌데 뭐 그렇게 화를 내?", "근데 너한테 피해준 거 있어?", "그래도 친구들끼리는 사이좋게 지내야지"라는 말이 맴돌았지만 일절 하지 않았습니다. 그저 간간이 추임새를 넣으며 아들의 말을 끝까지 들어주었지요.

자기 말을 들어주지 않으면 아이들은 엄마와 대화가 안 된다고 생각합니다. 엄마와의 관계에서 답답함을 느끼고 화가 난다고 말하는 경우도 많습니다. 심지어 엄마와 함께 있는 것만으로도 숨이 막힌다는 아이도 있습니다. 그리고 "엄마나 아빠는 저와 대화하는 걸 싫어해요"라고 말하지요. 무슨 말을 꺼내도 언제나 부모가 관심 있어 하는 주제 위주로 대화가 흘러가니 아이는 숨이 막힐 수밖에 없을 것입니다. 부모는 아이가 하는 말에 공감하기 어렵더라도 아이의 기분과 감정을 인정해줄 필요는 있습니다. 아이가 느끼는 감정 그 자체를 잘못된 것, 바로잡아야 하는 것으로 대하지 말아야 한다는 뜻입니다.

제 아들도 어느 날 이렇게 말했습니다. "엄마는 나랑 말할 때 내가 관심 있는 건 재미없어 하고 엄마가 하고 싶은 말만 해요." 이를테면 자기는 바나나를 먹고 싶은데 엄마는 사과를 준다고 했습니다. 자기가 무슨 과일을 좋아하는지 물어보지도 않고 사과가 몸에 좋다는 이유로 강요하듯 권하고 양도 너무 많이 준다고 했습니다. 물론 저는 사과가 몸에 좋으니 아이에게 건넸겠지만 아이가 바라는 바와는 완전히 다른 것이었지요.

예전의 저처럼 이런 방식으로 대화를 하는 엄마가 많습니다. 그러면서 "다 너 잘되라고" 하는 말인데 왜 그걸 이해하지 못하는지 오히려 답답해하지요. 이 경우 안타깝게도 대화가 지속될수록 사춘기 아이의 입은 점점 닫혀서 열리지 않게 됩니다.

사춘기 아이와 소통이 안 된다면 아이가 흥미 있고 관심 있는 주제의 이야기를 할 수 있도록 분위기를 조성해야 합니다. 부모 중심이 아닌 아이 중심으로 이야기를 나누어야 합니다. 아이가 신이 나서 자신의 관심사를 이야기를 할 때, 흥미가 없고 심지어 공부에 방해만 되는 주제라고 생각할지라도 성심을 다해 들어주어야 합니다. 아이가 감정을 드러낼 때는 충분히 공감을 해주고 함께 슬픔과 기쁨을 나누어야 합니다. '이해'하지는 못해도 '인정'해줄 수 있는 존재가 되어야 합니다. 그것이 아이가 부모에게 바라는 최소한의 역할이기도 합니다.

지나친 관심은
독이다

아이가 기분이 좋은지 나쁜지 살펴야 하는 사춘기의 엄마들은 매일이 살얼음판 같다고 합니다. 그러나 아이의 속도 새까맣게 타들어 가는 시기라는 점을 기억하세요. 이러지도 저러지도 못하는 여러 가지 생각과 감정이 아이를 괴롭히고 있는데, 엄마의 잔소리까지 더해지면 너무 가혹하지 않나요? 공부, 성적, 용돈 등에 대한 엄마의 생각을 아이에게 먼저 말하려고 하지 말고, 아이가 엄마에게 다가와 입을 열기를 기다려야 합니다. 답답해도 참아야 합니다.

평소 아이가 방에서 나오면 관심 있게 대하지 말아야 합니다. 엄마의 시선이 아이에게만 꽂히면 아이는 자기를 감시한다고 생각합니다. 아이가 엄마에게 먼저 말을 걸 때까지 기다렸다가 그때 다정하게 이야기를 들어주는 것으로 충분합니다. 그리고 엄마가 항상 믿고 있다는 것을 "얼마나 힘드니", "엄마가 그 마음을 다 알아", "필요한 게 있으면 언제든지 말해" 등의 말로 짤막하게만 표현해주세요. 사춘기에는 엄마가 아이에게 가까이 다가갈수록 아이는 엄마한테서 점점 멀어진다는 규칙이 있습니다.

분노는 나쁜 게
아님을 알려주자

무엇보다 화를 내는 것은 성격이 나빠서 그러는 것이 아님을 아이에게 알려주어야 합니다. 감정은 바람처럼 왔다가 다시 사라지는 것인데 많은 사람들이 감정을 마치 자신의 것으로 착각합니다. 화를 냈다고 원래 화를 잘 내는 나쁜 성격이 아니라, 그때 화가 났으니 감정을 드러낸 것에 불과한 것이지요.

아이들은 감정에 대해 제대로 배워본 적이 없습니다. 유치원에서 국가교육과정에 맞는 교육을 받지만 실질적으로 아이들은 자신의 감정을 다스리는 방법은 배우지 못합니다. 그저 어른을 보고 모방할 뿐이지요.

아이의 몸을 튼튼히 하기 위해 운동을 시키고, 좋은 영양소가 있는 음식을 먹이는 것처럼, 엄마는 아이의 마음 근육을 키우기 위해 노력해야 합니다. 감정에 대해 배워본 적 없기에 아이의 마음 근육을 키워주기 위해서는 엄마가 먼저 화를 다스리는 법에 대해 공부해야 합니다. 분노란 무엇인지부터 분노를 왜 잘 다스려야 하는지, 분노는 왜 생기는지, 분노가 우리에게 주는 장점이나 단점은 무엇인지까지 공부해 아이가 적시적소에 분노를 다스릴 수 있도록 지도해야 합니다. 그렇게 해서 감정을 자신의 것으로 착각하지 않고 살아가도록 도와주세요.

아이의 속상한 마음을 엄마가 달래주려 하기보다 아이가 스스로 감정을 정리한 후 엄마에게 이야기할 기회를 주어야 합니다. 아이가 무작정 화를 내는 상황을 계속 반복하게 놔둘 것이냐, 아이가 감정을 조절하는 힘을 키우도록 할 것이냐는 엄마의 태도에 달려 있습니다. 물론 그동안 부모는 마음대로 흘러가지 않는 상황에 답답하고 힘들 수 있습니다. 하지만 이때 너무 적극적으로 대응하다가 실수로 아이의 마음에 상처라도 준다면 사이를 영영 멀게 하는 지름길이 된다는 점을 명심하며 인내하세요.

아이들이 부모에게 바라는 역할은 길잡이가 아닙니다. 부모는 힘들 때 잠깐 들러 편히 쉴 수 있는 나무 그늘 같은 존재가 되어야 합니다. 넓고 큰 그늘을 가진 든든한 나무처럼 비바람 치는 시간을 묵묵히 견디고 나면 아이는 어느덧 나무를 감싸 안을 만큼 크고 멋진 존재로 성장해 있을 것이라고 확신합니다.

말대꾸는 기본,
버릇없이 굴어요

제 아들은 평소 '예의 바르다', '다른 사람을 배려한다'라는 말을 많이 들었습니다. 그런데 중학생이 되더니 달라졌습니다. 어느 날부터 방으로 들어가더니 핸드폰을 켭니다. 옷도 벗지 않은 채 침대에 누워버립니다. 무엇을 하는지는 모르겠지만 계속 핸드폰만 보고 있습니다. "잠깐 나와 봐" 했더니 버럭 소리를 지릅니다. "너 왜 자꾸 그래?"라고 했더니 돌아오는 말은 "엄마가 뭘 안다고"입니다.

아마 대한민국 보통 엄마라면 이런 상황에서 부드러운 말이 나오기는 힘들 것입니다. 아마도 그건 엄마이기 때문이 아닐까요? 만약 내 아이의 일이 아니라면 그냥 "요즘 애들이 다 그렇죠, 뭐" 하고 넘어갈 수 있었을 것입니다. 그런데 내 아이의 일이 되면 달라집니다. 혹여나 문제 행동이 고착화되어 성장하진 않을까 걱정되는 것이지요.

더욱 솔직하게 말하면 저는 '아이에게 무슨 일이 있었나', '버릇없는 아이가 되면 어떡하지?'라는 생각보다는 화가 먼저 났습니다. 가슴에서 무언가가 불끈 밀려 올라오는 듯했지요. 저는 "너 지금 엄마한테 뭐라고 했어?"라고 쏘아붙였습니다. 아들은 아까보다 더 격양된 목소리로 "맨날 잔소리야, 에이" 하고 다시 침대에 누워버렸습니다. 저도 좋은 마음이 생기지는 않았습니다. 아들이 내뱉은 "에이"라는 말에 당황했습니다. 내가 잘못 키운 게 아닌지, 이걸 그냥 넘어가야 하는 건지, 끝까지 일어나라고 해서 야단을 쳐야 하는 건지 마음속에 생각이 여러 갈래로 왔다 갔다 했습니다. 아들과의 상황은 이미 끝났음에도 하루 종일 아들의 행동에 마음이 편치 않았습니다. 일이 손에 잘 잡히지 않고 좀 더 좋은 대화로 마무리를 하지 못한 게 못내 아쉬웠습니다.

혼란스러운
아이의 마음을 상상하자

애석하게도 사춘기가 된 후 이와 같은 일은 종종 반복되었습니다. 초등학생 때는 항상 말을 잘 듣던 아들이 갑자기 예의가 없어지니 저는 무척 난감했습니다. 무시당하는 느낌까지 들었지요.

잘 기억나지 않는 과거의 일도 기어코 곱씹으며 제가 무엇을 잘못 가르쳤는지 찾으려고 했습니다. 그때까지만 해도 아이가 왜 그런 행동을 하는지 몰랐습니다. 그럴 때마다 이유를 알고 싶어서 "너 학교에서 무슨 일 있었어?"라고 물었고, 아들은 "몰라", "없다고오~~" 하면서 여전히 귀에 거슬리는 말투로 답했습니다. 그럼 저는 "너 엄마한테 존댓말 하라고 했지?"라고 말하거나 "너 말투가 그게 뭐야?"라며 대체 왜 그러는 건지 끝까지 캐묻기도 했지요. 그런 날은 정말 최악이었습니다.

사춘기 아들의 마음은 자기도 모를 변화에 고군분투하고 있었습니다. 자기 내면과 치열히 싸우고 있기에 감정의 기복이 심할 수밖에 없다는 당연한 사실도 그 당시에는 몰랐지요. 그것은 호르몬 때문이었습니다. 아들에게 문제가 있어서 그런 것이 아닌데도 계속해서 저는 아들에게서 이유를 찾고 왜 그런지 밝혀내려고 애썼습니다. 그럴수록 벽을 보고 이야기하는 것처럼 답답하고 화가 밀려왔습니다.

같은 일이 수차례 반복되고 나서야 저는 알게 되었습니다. 사춘기 아이가 알 수 없는 짜증을 내고 엄마를 피하려고 하는 것은 마음속에서 무언가 자라고 있는 신호라는 것을 말이지요. 그것은 친구 관계에 대한 고민에서 시작된 것일 수도 있고, 공부에 대한 스트레스 때문일 수도 있습니다. 자기 안에서 성장과 독립이 반복되면서 나름의 해결책을 찾아야 하기에 엄마가 간섭할 수 없는 영역이라는 것도 시간이 흐르면서 깨닫게 되었습니다.

아이의 이런 행동은 표면적으로 버릇이 없어진 상태로 착각하기 쉽습니다. 부모는 아이의 행동에 변화가 있을 때 감정적으로 반응하지 말고 아이에게 호르몬의 변화가 도래했다는 사실을 반드시 알아차려야 합니다. 요즘은 사춘기가 오는 연령도 점차 빨라지고 있습니다. 만약 아이의 행동이 달라지고 말투가 달라졌다면 나이가 조금 이르더라도 혹시 사춘기가 온 것은 아닐지 하고 한 번쯤은 의심해볼 필요가 있는 것이지요.

유아기에 쌓아놓은 안정감이
사춘기를 좌우한다

사춘기 아이의 세상은 '나'를 중심으로 돌아갑니다. 나는 특별한 존재이며 내 감정과 생각은 다른 사람과는 근본적으로 다르다고 믿습니다. 자신을 불멸의 존재로 착각하고 타인의 관심과 주의가 자신에게 집중되어 있다고 믿습니다. 사춘기가 되면 사소한 실수에도 엄청난 스트레스를 받는 이유는 이와 같은 자아 중심성에서 기인하는 것이지요. 자기 중심적 사고는 자라면서 자신이 무대의 주인공이 아니라는 사실을 깨닫게 되고, 타인의 입장에서 생각하는 능력이 생기면서 점차 자연스럽게 사라지니 너무 걱정할 필요는 없습니다.

다만 본래 자기 중심성은 유아기에 타인과 나를 제대로 구별

하지 못하고 주변의 환경을 올바르게 이해하지 못해서 생겨납니다. 즉, 부모와 상호작용이 풍부한 환경에서 자신과 타인에 대한 이해도를 높여왔다면 자아 중심성으로 인한 혼란 없이 청소년기를 훨씬 수월하게 지나갑니다. 때문에 유아기에 부모와의 신뢰를 충분히 쌓지 못한 경우일수록 사춘기 때 관계의 삐그덕거림은 더욱 강렬하게 나타나지요.

그런데도 부모들은 아이의 내면을 살피기보다 현상학적 측면만을 따집니다. 이유 없이 버릇이 없다, 이유 없이 짜증을 낸다라고 말하며 아이를 이해하려고 하지 않는 것이지요.

아이에게 삶의 주도권을
조금씩 돌려주자

사춘기 아이가 하는 말 중에 부모를 가장 속 터지게 하는 말은 "내가 알아서 할게"가 아닐까요? "이제 방 좀 치워라"라는 말에도, "핸드폰 좀 그만해라"라는 말에도 아이는 "내가 알아서 할게"라는 말로 일관합니다. 물론 엄마 입장에서 보면 알아서 제대로 한 적은 한 번도 없지요. 아이의 말에 화가 치밀어 목소리를 높이면 집 안은 일순 전쟁터가 되고 맙니다. 저 역시 아들의 말을 떠올리면 그날의 살얼음판 같았던 분위기가 생생하게 떠오릅니다.

엄마들이 알아야 할 것은 알아서 하겠다는 아이의 말은 "언젠가 하겠다"라는 뜻이 아니라는 것입니다. 엄마의 간섭을 듣고 싶지 않다는 표현인 것이지요. 즉, 독립선언입니다. "이제 저는 성인이 되어가고 있어요"라는 뜻으로 이해해야 합니다. "저 녀석이 이제 컸다고 말대꾸하는 거 봐?", "네가 알아서 하겠다면서 언제 한 번이라도 알아서 한 적 있어?"라고 말하며 아이를 여전히 어린아이로 바라보아서는 안 됩니다. 예로부터 '팔십 노인이 육십 아들을 챙긴다'라는 말이 있습니다. 부모의 눈에는 언제나 자식이 어릴 적 모습 그대로 보이는 것을 말해줍니다. 그리고 이 생각의 더 아래에는 아이의 나이가 얼마이든 내가 낳았으니 내가 책임을 져야 한다는 의무감이 자리 잡고 있습니다.

과연 우리 삶에서 자식이란 무엇일까요? 부모들이 흔히 하는 착각은 자식이 자신의 소유물이고, 늘 나보다 더 어리고 미숙한 존재라는 것입니다. 하지만 아이는 성장하기 마련이고 어른이 되어 하나의 오롯한 인생을 살아야 합니다. 자식을 하나의 올바른 인격체로 잘 성장시켜 사회의 독립적인 구성원으로 키워내는 것이 부모의 역할입니다. 이 과정에서 반드시 거치는 것이 사춘기이고요.

다시 말해 사춘기는 아이가 삶의 주도권과 결정권을 자기에게 돌려주어야 할 때가 되었다고 신호를 보내는 시기입니다. 그러니 착하던 아이가 버릇이 없어졌다고 힘들어하지 마세요. 그동안의 대화가 '해야 한다' 위주의 수직적 대화였다면 이제는 수평

적 대화로 아이에게 다가가세요. 아이의 말을 들어주고 공감해준 다음, 엄마가 하고 싶은 말을 해도 늦지 않습니다.

사실 이론적으로야 무엇을 못 하겠습니까? 실천에 옮기는 것이 어려운 일이지요. 희망적인 것은 우리가 세상의 모든 교훈을 부모의 조언으로 배운 것이 아니라는 사실입니다. 물론 잔소리와 비난을 통해 배운 것은 더더욱 아니지요. 부모의 삶과 타인의 삶을 바라보며 자연스럽게 배웠을 가능성이 더 큽니다.

인생에서 부모라는 역할은 누구나 처음 맡아보는 일입니다. 부모가 되는 것을 배운 적도 없고 가르쳐주는 사람도 없지요. 아이가 유아기에는 나름 잘해왔다고 자부심을 느끼지만 사춘기에 접어들면 그동안 쌓아온 부모로서의 자존감은 빠르게 무너지기도 합니다.

아이의 성장에 따라 부모인 우리의 역할도 바뀌어야 함을 기억하세요. 사춘기를 겪는 아이와 함께 부딪치고 상처받으며 시행착오를 겪을 마음의 준비도 필요합니다. 그 과정에서 아이가 부쩍 성장하듯 부모 역시 크게 성장할 것입니다. 달라진 아이와의 새로운 만남을 기쁘게 준비하셨으면 좋겠습니다.

욕하는 아이가
정상이라고요?

어느 날 민결이 엄마가 저를 찾아왔습니다. 아이가 방에서 친구들과 전화하는 소리를 들었다고 했습니다. 도무지 상상할 수 없는 말로 친구들과 통화를 하고 있었다고 했습니다.

민결이 엄마는 똑똑 노크를 하고 방문을 열었습니다. "지금 누구랑 통화하는 거니?" 민결이는 엄마를 멋쩍은 듯 바라보았습니다. 그러더니 이내 돌변해 "문 닫고 나가세요"라고 말했다고 합니다. 민결이 엄마는 순간 조금 전까지 거실에서 자신과 이야기를 나누었던 내 아이가 아닌 완전히 다른 아이가 와 있는 것 같았다고 합니다.

사춘기에 접어든 아이가 사용하는 언어로 인해 한두 번씩 고민해보지 않은 엄마는 없을 것입니다. 대부분의 엄마들은 이런 상황에서 큰 충격을 받지요. 나아가 아이의 인성까지 의심하고 문제가 있는 것처럼 받아들입니다. 하지만 결론부터 말하자면 그럴 필요도 없거니와, 현상만 놓고 판단하는 습관도 멈추어야 합니다. 엄마들은 아이가 왜 욕을 하는지보다 욕을 했다는 사실에만 집중합니다. 그런데 사람이 살면서 하는 행동 중에 이유 없는 행동이 있을까요?

왜 욕을 할까?
숨겨진 감정 파악하기

저에게 상담을 온 또 다른 엄마의 사례를 들어보겠습니다. 그녀는 자신의 중2 아들이 평소에는 온순하고 착하다고 했습니다. 사춘기여도 엄마 앞에서 말도 조근조근 잘하고 애교도 많으며 마음도 여리다고 했지요. 그런데 화나는 일이 생길 때는 마구 소리 지르고 발을 구르며 벽을 치고 엄마한테까지 욕을 쏟아낸다고 했습니다. 아래층 윗층 할 거 없이 다 들리게 하도 소리를 질러대서 너무 창피한 마음에 그만 조용히 하라고 아이를 때렸다고 했습니다. 그로 인해 상황은 걷잡을 수 없이 변했고, 아이는 아파트에서 뛰어내릴 거라며 상상도 못할 언어를 내뱉고 난동을 벌였다고 했습니다. "아들이 뛰어내릴까 봐 무서워서, 부모에게 욕하고 난폭하게 대하는 걸 참아야 하나요?"라며 사무치게 우는 그녀를 보니 얼마나 마음이 힘들었을지 안타까웠습니다.

예사롭지 않은 일이라 마치 남의 일 같지만 실생활에서 생각보다 이런 일은 자주 일어납니다. 이와 같은 상황에서는 아이의 욕이나 폭력적인 행동에만 집중하지 말고 '왜 그랬을까'를 먼저 생각해보는 것이 바람직합니다. 아이가 도대체 무슨 이야기를 하고 싶은 건지, 말로 표현하지 못하는 것이 무엇인지도 고려해봐야 합니다. 물론 감정이 격정적일 때보다 가급적이면 기분이 좋은 상태에서 대화를 하는 것이 좋습니다. 그렇지 않으면 본질과 핵심보다는 감정의 소용돌이에 휘말려서 서로 간에 상처만 남을 확률이 높습니다.

이왕이면 그 자리에서 바로 이야기하기보다 잠시 시간을 두고 아이가 심리적·정신적으로 여유가 있을 때 이야기를 나누는 것이 바람직합니다. 아이가 극단적인 행동을 할 때 즉시 바로잡아야겠다는 급한 마음을 먹으면 자칫 더욱 충동적인 환경으로 변할 수도 있습니다. 어른인 부모가 인내심을 가지고 절대로 이성을 잃지 않는 것이 무엇보다 중요합니다.

먼저 아이의 어떤 행동이 엄마 아빠를 속상하게 하는지 표현하세요. 그렇게 해서 문제 행동이 무엇인지 인지시켜주었다면, 그동안 아이의 마음을 충분히 이해해주지 못한 사실을 미안해하며 달래주세요. 그 후 감정이 정점을 찍어 일정 범위를 넘어 하는 행동은 아이의 진짜 모습이 아니라 사춘기의 감정이 밀려와서 그런 것이라고 안심을 시켜주는 것이 좋습니다. 감정은 우리에게 계속 머물러 있는 것이 아니라 폭풍처럼 왔다가 사라진다는 것도 알려주세요.

어른들과 마찬가지로 아이들도 짜증이 나거나 화가 날 때 부정적 감정을 해소하기 위해 욕을 사용하기도 합니다. 적개심이나 분노를 표출하거나 상대방을 제압하기 위한 목적으로 쓰는 경우가 대부분이지요. 욕을 함으로써 자신의 힘을 과시하고 싶은 욕구의 발현인 것입니다. 이러한 경우에는 아이가 현재 스트레스 상황에 처해 있지 않은지 심리적 문제는 없는지 면밀히 살펴보아야 합니다. 가정, 학교, 교우관계서 문제가 없는지 살펴보고, 아이가 욕을 할 때 비난하거나 혼내기보다는 화나는 일이 있었는지 혹은 속상한 일이 있는지를 먼저 물어보는 것이 중요합니다. 욕을 했을 때 그 자리에서 즉각적으로 화를 내거나 과잉 반응을 하게 되면, 오히려 부모에 대한 반발심을 갖게 되고 동시에 스스로에 대한 심한 죄책감을 느낄 수 있습니다.

재미 혹은 소속감, 또래 집단의 언어

때로는 SNS에서 보는 비속어나 욕설을 의미도 모른 채 그저 재미있고 웃기다는 이유로 따라 하기도 합니다. 아이들은 욕을 누가 가르쳐주지 않아도 그들만의 또래 집단 속에서 배우고, 일상생활에서 공유하고 습관처럼 사용합니다. 사춘기가 되면 또래 집단의 영향이 매우 커지기 때문에 친구들이 쓰는 말을 비판 없이 수용하고 따라 하는 경향이 있지요. 이들 사이에서 욕설은 하나의 문화이며, 친밀감이나 유대감을 느끼는 수단입니다. 일종의 재미이며 장난의 한 가지이기도 합니다. 남자아이의 경우는 욕을 통해 동료 의식을 표현하기도 합니다. 심지어 욕을 하지 않으면 무시를 당하거나 또래 집단에 낄 수 없을지도 모른다는 불안감 때문에 사용하는 경우도 많습니다.

그렇다고 아이가 욕을 하는 것을 가만히 두고 보라는 뜻은 아닙니다. 욕을 하는 아이를 대하는 엄마의 자세가 달라질 필요는 있다는 뜻입니다. 아이에게는 욕하는 것 자체가 문제라는 태도로 다가가는 것보다 욕을 했을 때 듣는 사람이 어떻게 느끼는지 솔직하게 이야기하는 것이 좋습니다.

"엄마가 ○○가 욕하는 걸 들으니 참 놀라고 가슴이 벌렁거렸어"라고 말해보세요. 여기에 "그런데 무슨 이유가 있는 거니?"라고 덧붙여 물으면 아이는 순수하게 답하는 경우가 대부분입니다. "친구들끼리는 원래 다 이렇게 말해요"라고 답할 것입니다. 작은 감정도 예민한 사춘기에 혼자만 욕을 안 하는 것도 왕따의 대상이 될 수 있지요. 그룹과 또래 관계에서 자연스럽게 일어날 수 있는 현상으로 보되, 듣는 사람의 감정을 확실히 알려주어 주의를 주어야 합니다.

부모의 양육 태도
점검하기

한편 또래 관계라는 렌즈가 아닌 심리학적 렌즈로도 살펴볼 수 있습니다. 만약 아이가 부모의 강압적인 양육 태도로 인해 그동안 감정표현을 편안하고 솔직하게 하지 못했다면 사춘기에 접어들며 욕으로 억눌린 마음을 표출하는 경우도 있기 때문입니다. 혹은 부모가 부부 싸움을 할 때 욕을 사용해서, 그 욕을 한 번 이상 들어본 경험이 있어도 아이는 욕을 기억해서 힘들고 곤란한 상황이 왔을 때 무의식중에 사용하기도 합니다.

부모는 아이의 거울입니다. 흔히 아이에게 문제가 생기면 부모는 모두 미숙한 아이의 문제일 것이라 생각하지만 어떤 문제든 한쪽만의 잘못으로 발생하는 경우는 드뭅니다. 욕을 하는 아이를 바라볼 때도 100퍼센트 아이의 문제라고 단정 짓지 말아야 하는 이유입니다. 아이를 나무라기 전에 부모의 말 습관을 겸허한 마음으로 돌아보세요.

이처럼 다양한 원인 중에서 아이가 욕을 하는 정확한 이유가 무엇인지 찾는 게 중요합니다. 그 후 내면에 감추어진 심리적 불편감을 찾아 해소할 수 있도록 도와주어야 합니다. 대개 부모는 아이의 욕을 처음 들으면 깜짝 놀라고 습관이 될까 봐 걱정하지만 아이 입장에서는 욕은 나쁜 말이 아닌 친구들과 하는 일상어일 뿐입니다. 애초에 굳이 하지 말아야 한다는 생각을 하지 못하는 것이지요. 이러한 상반된 생각 때문에 대화는 중단되고 갈등은 깊어지기 일쑤입니다. 아이는 부모가 자기만 보면 지적하고 나무란다고 생각하고, 부모는 아이가 말을 듣지 않고 태도가 나쁘다고 생각합니다.

실제로 부모들의 이야기를 들어보면 사춘기 아이와 대화할 때 방향이나 흐름이 맞지 않는 경우가 대부분입니다. 상담을 통해 만나본 많은 사춘기 아이들은 그저 집에 오면 아무 생각 없이 쉬고 웃고 싶다고 했습니다. 그런데 부모의 잔소리를 듣는 순간 짜증이 밀려온다고 했습니다. 자기를 이해하지 못하고, 또 자기를 괴롭힌다는 생각만 든다고 했습니다. 부모는 아이를 보살피고 관찰하려고 그런다고 하지만 아이들은 숨이 막힌다고 표현했지요. 아이들은 "제발 날 건들지 말아주세요! 제발 날 그냥 내버려두세요!"라고 외치고 외치고 또 외칩니다. 사춘기 아이가 집에 들어오는 순간, 얼굴 표정이 달라지진 않나요? 그렇다면 누구도 알아주지 않아 외로운 아이의 마음을 보듬어주어야 할 때입니다. 욕을 한다는 문제 상황도 아이의 감정을 어루만져준다는 대전제에서 다가가야 합니다. 아이가 사회적 상황과 상대를 구분해 가면서 사용한다면, 친구와의 대화 속에서 하는 가벼운 욕설은 어느 정도 용인하고 넘겨도 무방합니다. 언어 습관에 대한 올바른 가치관을 일깨워주고 아이 스스로의 언어 사용에 대한 문제점을 인식하도록 도와주는 것만으로도 충분합니다. 부모들은 흔히 욕을 하는 말투가 계속 굳어져 말끝마다 욕을 사용할까 봐 걱정하는데 대부분의 아이들은 그렇지 않습니다. 욕을 하는 것은 한때 사춘기에 불과합니다.

엄마가 나무라면 눈물을 흘리며 잘못했다고 용서를 구했던 어린 시절에 갇혀 아이를 바라보지 마세요. 점점 크면서 자아 정체감이 확고해진 아이의 모습도 받아들여야 합니다. 엄마와의 대화 방법이 달라지고 대화의 내용과 주제 또한 변해야 한다는 것을 인정해야 합니다.

누군가는 욕하는 아이를 섣부르게 질책하지 말라는 저의 말에 사춘기가 벼슬이냐고 반문하기도 하겠지요. 끊임없이 아이의 눈치를 봐야 하는 상황에 대해 답답함을 토로하는 부모도 있을 것입니다. 하지만 사춘기는 누군가의 도움이 반드시 필요한 시기이고 그동안 받은 사랑보다 더 큰 사랑 속에서 이해와 돌봄을 받아야 하는 시기입니다. 원치 않는 감정의 소용돌이 속에서 아이가 정말 힘겹게 싸우고 있다는 사실을 깊이 이해해주세요. 무엇보다 부모의 너그러운 마음이 필요한 때입니다.

나를 무시하는 걸까?
엄마의 감정 다스리기

사춘기 아이를 둔 엄마들이 남몰래 끙끙 앓는 한 가지 공통된 고민이 있습니다. 바로 아이가 자기를 무시하는 것 같다는 것이지요. "엄마는 몰라도 돼", "내가 알아서 할게", "내 마음이야", "어차피 엄마도 잘 모르잖아"라는 말은 엄마의 신경을 날카롭게 긁습니다. 마치 자녀가 독립해서 집을 떠났을 때 양육자가 경험하는 외로움과 상실감을 일컫는 빈둥지 증후군과 비슷한 마음을 느끼기도 합니다. 허탈하면서도 한편으로는 괘씸합니다. 그러다 엄마의 입에서 "모르긴 뭘 몰라?", "네가 알아서 한다고 하고 한 번이라도 알아서 한 적 있어?", "엄마도 엄마 마음대로 한번 해볼까? 어떻게 되는지?"라는 말이 나오면 대화는 이미 끝난 것과 마찬가지입니다. 엄마가 분노에 사로잡혀 있기 때문이지요.

부모들이
가장 미숙한 부분

우리가 살면서 마음에 분노가 차올랐을 때를 떠올려봅시다. 내가 원하는 방향으로 일이 해결되지 않거나 내 말을 상대가 알아주지 않을 때 화가 나지 않던가요? 엄마가 사춘기 아이에게 화가 나는 마음도 비슷합니다. 그럴 때마다 어떻게 감정을 다스리고 표현하나요?

저는 어릴 때 부모님께 크게 혼난 적도 없지만 감정을 어떻게 다루어야 하는지 배운 적도 없습니다. 분노는 무엇이고 분노가 왜 생기는지, 분노를 왜 잘 다스려야 하는지, 분노가 우리에게 주는 장점은 무엇인지, 단점은 무엇인지, 효과적으로 분노를 다스리는 방법을 잘 알지 못했습니다.

저의 아버지의 성격은 급하신 편이었습니다. 당시 아버지는 드라마나 만화를 보는 것을 싫어하시고 뉴스나 시사경제 프로그램을 보시고 사회문제에 대해 의견 나누는 것을 좋아하셨습니다. TV만화를 보던 우리 형제는 아버지가 늦은 저녁에 들어올 때쯤이면 방으로 들어가 자는 척을 하는 경우가 많았습니다. 어린 마음에 혹시나 아버지가 우리가 만화를 보고 있었다는 것을 알고 나무라시지는 않을지 걱정을 했던 것이지요. 이불 속에서 서로 눈을 맞추며 낄낄거렸던 기억도 납니다. 지금 떠올리면 그때는 감정을 쉽사리 표현하지 않는 부모님의 존재가 굉장히 크게 느껴졌기 때문이 아닐까 싶습니다. 당시 아이였던 제 입장에서는 성격이 급한 아버지를 만나는 것에 대한 두려운 마음도 있었습니다.

가끔 제게서 아버지의 성격과 같이 급한 성향을 발견할 때도 있습니다. 아들이 해야 할 일을 미루거나 천하태평으로 있는 모습을 보면 답답하기도 했습니다. 성격은 유전적 기질과 환경 두 가지에 의해 형성되는데, 부모의 안정적인 태도나 언어는 아이들에게 많은 영향을 줍니다. 부모 스스로 자신의 감정을 잘 다스리고, 아이의 행동에 언어적 지지를 해주는 것은 자연스럽게 감정을 다스릴 수 있는 모델을 보여주는 것이지요.

제가 부모님들을 상담하면서 감정을 다스리는 법을 함께 이야기할 때 미처 어른인 자신도 감정이 출렁이면 어떻게 해야 하는지 잘 모른다고 말하는 경우도 많았습니다. 저를 찾아온 엄마들은 아이가 예의가 없거나 거짓말을 하거나 버릇없다고 느낄 때 화가 몹시 난다고 했고, 그럴 때마다 도대체 어떻게 해야 할지 모르겠다고 털어놓았습니다.

분노를 다루는 방법을 이해하고 부모 스스로 감정을 조절할 때 아이들도 자연스럽게 부모의 모습을 그대로 따라하게 됩니다. 자신의 분노를 잘 다스릴 수 있는 부모야말로 아이의 멋진 거울이 되어줄 수 있습니다. 부모 자신의 어린 시절도 한 번 돌아보고, 어릴 적 나의 부모는 어떻게 했는지, 나는 내 아이에게 어떻게 감정을 표출하는지 자세하게 차분히 살펴보는 시간을 갖는 것이 중요합니다. 어릴 때 자신도 모르게 배운 감정을 표현하는 방식이 그대로 우리 아이에게 스며들 수 있기 때문입니다. 스스로 화를 다스리는 법에 미숙하다는 것을 인지하고 아이와 대화하며 감정을 조절하다 보면 좋은 결과로 이어질 것입니다.

잘 맞이하고
잘 보내주면 그만인 감정

저를 찾아오는 엄마들의 고민은 사춘기 아이에 대한 것도 많지만 그런 아이를 바라보고 대하는 자신에 대한 고민도 많습니다. "자꾸 아이에게 화를 내요. 마음은 그게 아닌데 이상해요", "화를 내고 나면 항상 마음이 불편해요. 제 감정을 추스르지 못하겠어요"라면서 마음을 어떻게 다스려야 하는지 물었습니다. "저도 어릴 때 엄마가 이유 없이 화내는 것을 보면서 상처를 받았고, 우리 아이한테는 그러지 말아야지 하는데 제가 아이를 낳고 기르다 보니, 어느새 엄마랑 똑같이 하고 있더라고요" 하면서 펑펑 우는 엄마도 있었습니다.

명상의 대가이자 『당신의 삶에 명상이 필요할 때』(스노우폭스북스, 2020)의 저자 앤디 퍼디컴은 감정을 알아차리고 인정한 뒤에 감정과 함께 살되 감정에 휘둘리지 않는 방법을 찾아야 한다고 말합니다. 부정적인 감정의 강도를 약화시키고, 나아가 자신에게 들러붙어 있는 부정적인 감정을 '내려놓음'으로써 일상의 평온함으로 돌아가라는 것이지요. 맞습니다. 분노는 숨겨야 할 나의 또 다른 모습이 아니고, 어떤 일이 생길 때마다 찾아오는 감정일 뿐이기에 잘 맞이하고 잘 보내주면 그만입니다.

앞서 말했지만 마치 분노를 자신의 기질이나 성격으로 고착화시켜 생각하지 않았으면 합니다. 감정을 다룰 준비가 되어 있는 사람에게 분노는 그저 잠깐 스쳐지나가는 천둥번개일 뿐입니다. 나의 좋지 않은 모습, 나의 나쁜 성향으로 보지 말고 다양한 감정 중에 하나라는 것을 깨달았으면 합니다. 죄책감을 지니지 않고 내가 언제 화가 나는지 직시했을 때 분노라는 감정은 우리를 훨훨 떠나갈 것입니다.

아이에게
진심을 전달하려면

먼저 나 스스로에 대한 질문이 필요합니다. 어릴 때 화를 내는 사람을 본 기억이 있습니까? 집 안이 화로 가득한 공간이었나요, 편안한 공간이었나요? 지금의 당신은 화가 날 때, 그 변화를 스스로 인지하고 있나요? 물론 기억하기 싫을 만큼 끔찍한 분노의 감정을 다시 마주하는 것은 두려운 일입니다. 그러나 올바른 부모가 되기 위해서는 반드시 거쳐야 하는 과정이기도 합니다.

분노라는 감정을 잘 이해하고, 내 안에 들어왔을 때 알맞게 대처한다면 아이와의 관계가 개선되는 것은 물론 이전보다 두 배 이상의 행복한 삶을 살게 될 것입니다. 나도 모르게 차오르는 분노로 인해 아이에게 하지 못했던 진짜 하고 싶은 말을 충분히 전달할 수 있기 때문입니다. 당연히 그 과정은 실수의 연발일 것입니다. 그렇더라도 포기하지 않고 바꾸려고 실천하다 보면 우리는 분명 달라질 것입니다.

이제, 각자 어린 시절의 부모님의 행동 그리고 지금 나의 모습을 떠올려보세요. 내가 가장 화가 나는 순간은 언제인지, 나를 폭발하게 만드는 것은 무엇인지를 찾아보세요. 우리 아이에게는 감정을 다스리는 법을 제대로 알려주어야 합니다. 슬픔과 분노를 다스릴 줄 몰라 불행한 삶을 사는 것은 우리 자신으로 충분합니다. 여러분이 안정감 있는 부모가 되는 길을 차근차근 걸어 나가길 희망합니다.

🗨 엄마의 분노 마주하기

✎ 언제 분노가 내 마음으로 들어오나요? 상황을 적어보세요.

(예시) 아이가 할 일을 미루고 빈둥거릴 때

_____

_____

_____

_____

_____

_____

✎ 나의 부모님은 화가 날 때 감정을 어떻게 표현했나요?

(예시) 집안일 등 해야 할 일을 하지 않았다.

_____

_____

_____

_____

_____

_____

✎ 나는 아이에게 화가 날 때 감정을 어떻게 표현하나요?

(예시) 한 번은 참았다가 나중에 폭발한다.
_____
_____
_____
_____
_____
_____

✎ 화를 내고 난 후 나의 마음은 어떤가요?

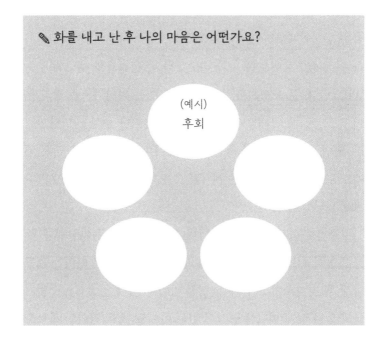

(예시)
후회

견디기 힘든 사춘기?
이제 시선을 바꿔보자

사춘기는 언제부터 시작될까요? 이 질문은 마치 여성의 갱년기가 언제냐고 물어보는 것과 비슷합니다. 갱년기를 두고 누구는 "난 그런 거 못 느꼈는데" 하는 사람도 있는 반면 "난 좀 빨리 왔어"라고 말하는 사람도 있지요. 시기만큼이나 증상도 다양합니다. 열이 올랐다 내렸다 하는 사람, 잠이 오지 않는 사람, 작은 일에도 화병이 나는 사람 등 제각각 고유의 기질과 성향에 따라 다르게 나타납니다.

사춘기도 마찬가지입니다. 아이마다 시기가 모두 다릅니다. 주로 초등학교 고학년에서 중학생 때 찾아오지만 늦은 아이는 고등학생 때 찾아오기도 합니다. 행동 양상도 제각각입니다. 사춘기를 겪었나 싶게 별다른 증상이 없는 아이도 있고, 집안이 하루도 바람 잘 날이 없이 높고 낮은 감정이 나타나는 아이도 있습니다.

사춘기가 오기 시작하면 아이들의 감정은 예민해집니다. "왜 저렇게 까칠해?", "안 그러더니 아주 이상해졌어", "별일도 아닌 걸 가지고 왜 저래?"처럼 아이를 볼 때 평소와 다른 생각이 든다면 아이의 사춘기가 시작되었다고 봐도 무방합니다.

다투며 대화해도
괜찮다

사춘기 아이들은 엄마가 상처를 받지 않는다고 생각합니다. 아무리 함부로 대해도 여전히 엄마는 나에게 친절하고 따뜻할 것으로 여기는 것이지요. 또 엄마가 잔소리를 하면 알아서 앞길을 헤쳐 나가려고 하는데 귀찮게 막는다고 느낍니다. 이것도 안 돼, 저것도 안 돼 하면서 지적하고 하지 못하게 하는 엄마가 싫을 뿐이지요. 또한 말끝마다 자기 탓을 하고 무슨 말을 해도 믿어주지 않는 엄마와의 대화가 짜증이 납니다. 마치 벽을 보고 대화하는 것처럼 공감대 형성이 전혀 안 된다고 느끼지요.

엄마는 이런 아이를 보며 답답합니다. 아이와 다투지 않고 대화하고 싶은데 잘되지 않아 속이 상합니다. 하지만 이 시기에 다투며 대화하는 것은 오히려 건전한 대화의 방식이라고 할 수 있습니다. 진짜 문제는 아이나 부모 중 어느 한쪽이 입을 닫기 시작해 아무 교류가 없는 상태입니다.

　다만 다투어도 된다고 했다고 해서 처음부터 버릇없는 아이는 뜯어고쳐야 한다는 심정으로 아이가 말하는 모든 것을 훈육과 잔소리로 대응하지는 말아야 합니다. 아이가 독립적이고 주체적으로 행동하지 못하는 성인으로 성장하기 쉽습니다. 아이의 감정을 인정하지 않고 부모의 생각 틀에 가두어놓고 일축해버리면 아이는 학교생활에서도 부정적이고 불신감이 가득한 상태로 변화되어 갑니다. 다시 말해 자기 자신에 대한 존중감 없이 '나는 별 볼 일 없는 아이'라고 생각하게 되는 것이지요. 나아가 '문제만 일으키고 반항하는 아이'로 스스로를 평가하고 실제로 그렇게 전락해버리기도 합니다.

　상호작용이 없는 대화를 하다 보면 아이는 "우리 엄마는 나를 이해하지 않아", "우리 엄마는 언제나 그랬어", "내 이야기를 한 번도 들어준 적이 없어"라고 단정합니다. 그 뒤에는 "나는 주워온 거 아닐까?", "어떻게 그럴 수가 있지?"라는 수없이 많은 물음 끝에 자신의 마음을 전하려는 노력을 아예 포기해버립니다.

엄격한 잣대를
들이대지 말자

저도 아들과 대화가 끊겼던 비슷한 경험이 있습니다. 기숙사 생활을 하는 학교에 다니는 아들과 2주 이상 떨어져 있다가 만나면 저도 모르게 학업 문제부터 이야기를 꺼내게 되었습니다. 아들은 그동안 마음 터놓을 곳 없는 채로 힘든 시간을 보낸 자신을 몰라주는 엄마를 무척 서운해했습니다.

하루는 차에 탄 아들이 퉁명스러웠습니다. 오랜만에 보는 엄마를 반기지 않으니 조금은 서운했습니다. 그래도 묵묵히 기다렸습니다. 조금 후 아들은 입을 열기 시작했습니다. 같은 반 친구가 물을 사 와라, 선생님한테 네 잘못이라고 말해라 등 각종 심부름에 책임전가까지 했다고 말했습니다. 저를 만나자마자 씩씩거리는 아들을 보며 순간 '아, 우리 아들에게도 감정의 소용돌이가 밀려왔구나. 이 감정의 소용돌이를 지혜롭게 헤쳐 나가야지'라고 생각했습니다. 그런데 말은 엉뚱하게 나왔습니다. 아들의 마음을 이해하는 말이 아닌 "그래도 엄마를 보자마자 그렇게 화를 내면 안 되지"라고 말한 것이지요. 아차! 하는 순간이었습니다. 아들은 저의 말에 큰 소리로 "엄마는 내 마음을 왜 몰라!"라고 외쳤습니다. 제가 공감해주지 못했다는 것을 조금은 알았지만 '오랜만에 만났는데도 왜 반갑지가 않고 대화도 안 되지?'라는 생각이 들며 가슴이 꽉 막히는 것 같았습니다.

그때 아들은 "엄마, 저는 잘잘못을 따지고 싶은 게 아니라 엄마가 내 마음을 이해해주시길 바랐어요", "저 말할 사람이 없어요. 엄마 제 이야기 좀 들어주세요", "엄마, 저 엄마가 그리웠어요", "엄마는 제 편만 해주세요", "전 엄마밖에 없어요", "엄마, 제 마음 좀 알아주세요"라며 수없이 많은 사인을 준 것이었습니다. 아들의 마음을 알아듣지 못했던 것이지요.

엄마 품 안에만 있던 아이는 사춘기에 사회적 관계를 경험하면서 다양한 방법으로 외칩니다. "엄마, 나는 크고 있어요", "엄마, 나는 이런 경험을 했어요", "엄마, 나는 혼란스러워요", "엄마, 나는 이 문제를 잘 해결할 거예요", "엄마, 나는 세상 사는 법을 배우고 있어요", "엄마, 나는 이겨낼 거예요. 조금만 기다려주세요." 부모가 상상하지 못하는 복잡하고 폭발적인 감정의 소용돌이 속에서 아이는 주체적이고 독립적인 아이로 성장하는 중이지요. 힘든 과정을 오롯이 받아내며 어른의 세계로 진입하는 아이를 엄마가 너른 마음으로 품어주어야 합니다. 스스로를 통제하는 능력, 문제를 혼자 해결하는 능력을 키우고 있는 아이에게 엄격한 어른의 잣대를 들이대는 것은 너무나 가혹합니다.

감정에 대응하지 말고
반응하자

아이에게 감정의 파도가 치는 것 같을 때는 무조건 받아주어야 합니다. 불청객 같은 질풍노도의 감정이 아이를 힘들게 하고 있을 때 부모는 그 모습이 아이 본연의 모습이라고 생각해서는 안 됩니다. 감정은 자신의 것이 아닙니다. 단지 나한테 들어왔다 다시 바람처럼 빠져나가는 것이지요. 파도나 바람과 싸우면 100퍼센트 실패하게 되어 있습니다. 감정도 마찬가지입니다. "이 마음을 흘려보내고 싶은데 제 맘대로 안 돼요"라며 울부짖는 아이의 말에 날을 세우며 대응해서는 안 되는 이유입니다.

감정의 소용돌이는 단편적이고 표면적으로만 드러나기에 엄마는 대처를 현명하게 해야 합니다. 학생으로서의 자세를 강조하기보다 아이의 인격을 존중하는 것이 바람직합니다. 아이가 화가 나서 이야기할 때는 충분히 들어주세요. 함께 장단을 맞추어 "얼마나 힘들었을까?", "엄마라도 그렇게 했을 거야", "한 대 때려주지 그랬어?"라고 말해보세요.

"그 친구는 문제가 있는 아이네. 엄마가 그 엄마 만나볼까?"라고 하면서 민감한 반응을 유도하는 것은 좋지 못합니다. 엄마가 하는 그런 말을 통해 아이가 스스로 감정을 통제하고 문제를 해결하는 힘을 키우길 바라는 게 엄마의 속사정이겠지만, 아이는 그렇게 움직이지 않습니다. 아이는 공감으로만 움직인다는 사실을 명심하셨으면 합니다.

어른이 되어가면서 겪는 복잡하고 견디기 힘든 마음을 아이는 짜증이나 화로 표현합니다. 스스로 문제를 해결하고 완벽한 성인이 되기 위해 노력하는 아이의 모습을 안쓰럽게 바라봐주세요. 차분히 들어주고 공감하며 믿음을 보여줄 때 아이는 시간을 이겨내고 한층 더 성장해 있을 것입니다. 사춘기라는 시기를 견뎌내며 어른이 되어가고 있는 아이를 조금 느긋하게 바라보세요.

💬 이토록 다정한 **엄마의 말 연습**

X	네가 알아서 한다고 하고 한 번이라도 제대로 한 적 있어?
O	걱정이 돼서 한 소린데 잔소리처럼 들렸나 보네. 물론 엄마는 너를 믿지! 도움이 필요한 일이 있으면 언제든지 말해.
X	나는 어렸을 때 안 그랬는데 너는 도대체 누굴 닮아서 그러는지 모르겠다.
O	○○는 엄마와 조금 다른 성향을 가지고 있는 거 같아. 당연히 누구나 자신만의 성향을 가지고 있긴 하지. 다르다는 건 틀린 건 아니니까 엄마도 네가 하는 방식을 최대한 이해해보려고 노력하고 있어.
X	너 지금 문 닫고 들어가면 다신 거실에 못 나올 줄 알아!
O	오늘은 표정이 안 좋아 보이네. 혹시 혼자 있고 싶은 거야?
X	그래도 그런 말은 쓰면 안 돼.
O	엄마가 ○○가 욕하는 걸 들으니 너무 속상했어. 화가 났을 때 여러 가지 방법으로 자신을 표현하는 건 좋아. 하지만 욕을 하다 보면 다른 사람들이 너를 좋지 않은 사람으로 오해하기도 해. 그리고 욕을 들은 상대방은 너를 존중하지 않게 돼서 정말 네가 원하는 것을 얻기 어려울 수도 있어. 앞으로 화가 났을 때는 "지금 엄마가 나에게 △△해서 화가 나고 있어요"라고 이야기해주면 어때?

2장

관계가 망가지면
아무것도 할 수 없다

사춘기의 관계

사춘기의 강을
현명하게 건너는 법

오랜만에 아들을 만나러 기숙사로 간 날이었습니다. 나오자마자 수척해진 얼굴이 먼저 보였지요. 안쓰러운 마음에 밝게 웃어 보였지만, 아들의 얼굴은 밝아지지 않았습니다. 아들의 얼굴은 늘 비슷했습니다. 무언가 빵 터져버릴 것처럼 불만이 가득한 얼굴이었지요. 한번은 서운한 마음에 "너는 엄마가 멀리서 왔는데 왜 그런 얼굴을 해?"라고 물었다가 말다툼으로 번진 적도 있습니다.

이와 같은 일을 여러 차례 겪으면서도 저는 아들의 감정을 잘 이해하지 못했습니다. 야속하고 미운 마음까지도 들었지요. 서울에서 제주도까지 내려간 저를 보며 짜증스러운 말투를 하니 저도 모르게 서운한 마음이 들었습니다. 왜 그러는지 아무리 캐물어도 이유를 말하지 않으니 저도 함께 입을 닫았습니다. 오랜

만에 얼굴을 봐서 반갑고 행복해야 할 시간을 둘 다 말없이 보냈습니다. 지금 와서 생각해보니 아들보다 30년을 더 산 제가 어쩜 그렇게 어른스럽게 포용하지 못했는지 새삼 미안합니다.

'너와 나'의
부족함을 인정하자

아들이 기숙사 생활을 한 지 2년이 지나고 3년 차가 되던 어느 날, 저는 정신이 번쩍 들었습니다. 그리고 아들을 관찰하기 시작했지요. 아들은 2주에서 한 달가량 엄마를 보지 않은 시간 동안 기숙사 내에서 친구들과 많은 갈등이 있었습니다. 뿐만 아니라 공부 스트레스로 인해 자존감도 떨어져 마음에 상처도 나 있었지요. 아들은 마음속에 쌓인 스트레스와 상처를 누구에게도 털어놓을 수 없기에 모처럼 만난 엄마에게 표현했던 것입니다. 기숙사에서 나와 2~3시간이 지나면 서서히 표정과 말투가 바뀌기 시작하는 모습을 보고 확신했습니다. 게다가 숙소로 가서 한숨 자고 나면 비로소 원래 제가 알던 해맑은 아들의 얼굴로 돌아왔지요. 아들은 "저 너무 힘들었어요", "엄마가 내 맘 좀 알아주세요", "저 그동안 고생 많이 했거든요"라고 말하고 있었던 것입니다.

왜 저는 그동안 아들의 사인을 알아채지 못했을까요. 생각할수록 어리석었다는 생각이 들었습니다. 누구보다 내 아이를 잘 알고 있다고 자부했지만 속마음을 헤아리지 못했던 것이지요. 그 후부터는 아들을 만나자마자 "힘들었지? 고생했어", "잘 견뎌냈구나"라고 말을 건넸습니다. 그렇다고 해서 아들이 방긋방긋 웃지는 않았지만 적어도 싸늘한 감정이 흐르지는 않았습니다.

　이전까지 저는 어떻게 사춘기 아이를 보듬어야 하는지, 어떻게 마음을 이해해야 하는지 몰랐습니다. 사회적으로 성공하고 다양한 사람을 만나본 경험이 충분히 있다고 해서 혹은 경제적으로 어려움이 없다고 해서 사춘기 아이의 마음을 잘 이해하는 것은 아닙니다. 처음 하는 일은 누구에게나 어렵고 시행착오를 선사하지요. 엄마들은 사춘기 아이 앞에서 마치 아기를 출산했을 때와 같은 낯선 감정을 또다시 느낍니다.

　저는 교수라는 이름으로 사회에서 인정받고 있었지만 아이와의 소통은 어렵고 잘되지 않았습니다. 중이 제 머리를 못 깎는다고 하더니 제가 딱 그 상황이었지요. 아이를 임신했을 때, 출산할 때, 육아할 때는 많은 육아서를 읽으며 지식을 쌓고 다른 사람에게 물어보기도 하며 정보를 얻으려 애썼습니다. 그러나 아이의 사춘기가 다가오니 그렇게 하는 것이 쉽지 않았습니다. 결국에는 내 아이의 문제상황을 다른 사람들한테 이야기하기 쉽지 않았습니다. 혹시나 다른 사람이 내 자식을 색안경 끼고 보지 않을지, 교육학을 전공한 엄마인데도 다르지 않네라고 생각하지는 않을지 이것저것 쓸데없는 자존심을 부리고 있었던 것입니다. 저는 곧 제 아이에게는 교사가 아닌 엄마임을 인지하게 되었습니다. 저는 자만심을 내려놓고 제가 초보 엄마라는 것을 인정하고 다시 시작하기로 마음먹었습니다. 그렇게 인정하고 나니 마음이 무척 가벼워졌고 아이와의 관계에 대해서도 조언을 구할 곳이 많았습니다.

혼자 인내하지 말고
함께 인내하자

사춘기 아이와의 관계에서 핵심은 인내심입니다. '아이의 태도와 문제행동을 참고 기다려라'라는 뜻에 한정되어 있는 말이 아닙니다. 이 단어 속에는 엄마 스스로가 부족한 엄마인 것을 인정하고, 성장하려고 노력해야 한다는 뜻도 담겨 있습니다. 저 역시 '밖에서는 아무도 나를 이렇게 대접하지 않는데……'라는 생각이 들어 아들이 저를 대하는 잘못된 태도와 엄마로서 부족한 저의 모습을 인정하는 데 시간이 필요했습니다. 마음대로 되지 않는 아들 때문에 소리내어 울지도 못하고 가슴이 먹먹한 날이 많았습니다. 하지만 제가 엄마로서 미숙하다는 사실을 인정하자 놀랍게도 인내심이 찾아왔습니다. 그때부터 저는 아들과 많은 이야기를 나눌 수 있었습니다. "엄마도 힘들지만 너를 기다려주고 인내하려고 해. 지금의 모습은 너의 모습이 아니니까. 우리 이걸 한번 잘 극복해보면 어떨까?"라고 말했습니다. 아들은 저의 말을 잘 알아듣고 사실은 스스로도 이해하지 못할 마음이 생겨날 때가 많다고 털어놓았습니다.

다만 여기서 한 가지 주의해야 할 점이 있습니다. 엄마 혼자서 일방적으로 인내해서는 안 된다는 것입니다. 그렇게 하다 보면 인내심 자체가 희생이라고 생각하게 되어 엄마의 마음에서 상처로 남기 때문입니다. 소통이 빠진 일방적인 인내는 언젠가는 터지기 마련이지요. 아이와의 관계가 좋아지려고 참기 시작했는데 오히려 더욱 멀어지는 경우도 종종 보았습니다.

이렇게 생각해보면 어떨까요? 가족 중 누군가가 아프면 우리는 가족을 돌보기 위해 자신의 일상을 조금씩 양보하며 더 많은 배려를 베풉니다. 사춘기도 비슷한 시기인 것이지요. 부러 부모에게 버릇없는 행동을 하거나, 짜증을 부리는 아이는 절대 없습니다. 이를 냉정하게 인지하고 마음이 아프고 혼란스러운 사춘기 아이를 살뜰히 보살피고 배려한다고 생각하세요. 인생에 딱한 번 오는 질풍노도의 시기인 사춘기 때, 아이를 잘 보호해주고 돌봐주는 것은 부모의 의무입니다.

아이를 관찰하는
시간을 늘리자

그렇다면 부모가 인내심을 기르기 위해서는 어떻게 해야 할까요? 막연하게 참아내기보다는 아이가 '왜 그런 행동을 했을까'라고 생각해보세요. 차분히 눈을 감고 아이가 한 행동과 엄마가 한 말을 되짚어보는 것입니다. 아이에게 상처가 되는 말은 없었는지, 내 입장에서만 이야기한 건 없었는지, 아이의 말을 진솔하게 들어주었는지, 아이에게 나의 감정을 솔직하게 표현했는지 점검하는 시간을 갖는 것이지요.

사춘기 때는 엄마가 참아야 한다고 했으니까 아이가 성질을 부려도 참고, 욕을 해도 참고, 엄마를 밀치는 등 폭력적으로 굴어도 이해하고, 터무니없이 많은 용돈을 달라고 해도 들어주라는 뜻이 아닙니다. 행동 자체를 두고 훈육을 하기 전에 아이가 그런 행동을 한 이유는 무엇인지 먼저 생각해보는 '인내의 시간'을 가지라는 것이지요. 저는 이것만큼은 확실하게 말할 수 있습니다. 아이는 절대 이유 없는 행동을 하지 않습니다.

다만 사춘기에는 아이에게 행동의 이유를 직접 물어보기가 어렵기 때문에 엄마의 관찰이 중요합니다. 아이를 관찰하다 보면 엄마 눈에도 이유가 보이기 시작하지요. 교우관계가 원인일 수도 있고, 가정에 대한 불만족일 수도 있고, 자기 자신에 대한 낮은 자존감 때문일 수도 있습니다. 원인을 파악했다면 아이가 기분이 좋을 때를 포착해 엄마의 마음을 솔직하게 전달해보세요. "엄마도 엄마가 처음이라 너를 어떻게 키워야 하는지 잘 몰라"라고 말문을 열고 아이의 행동에 대해 대화를 나누면 대부분의 아이는 자신이 잘못했다는 것을 깨닫고 부모에게 미안함을 느낍니다. 부모 역시 "다음 번에는 엄마도 더 잘 대처해볼게"라며 약속하는 것을 잊지 마세요. 우리 아이가 더 멋진 어른으로 성장하는 열쇠는 부모에게 있습니다.

도대체 왜
대화가 안 될까요?

저는 아들이 사춘기를 지날 때 항상 기분부터 살폈던 기억이 있습니다. 처음에는 툭하면 터질 것 같은 그 분위기를 어찌 풀어나가야 할지 몰랐습니다. 급한 대로 제가 궁금한 질문을 해서 불편한 침묵하는 시간을 줄였습니다. 하지만 대화는 길게 이어지지 못하고 서로 언짢은 상황에서 끝나버리기 일쑤였습니다. "왜 엄마만 보면 짜증이니", "엄마는 저만 보면 뭐라고 하잖아요"라고 하면서 대화는 언제나 평행선을 달렸습니다. 여러 번 다시 차분하게 생각하고 시도해보아도 대화는 잘되지 않았습니다. 하루아침에 해결될 일이 아니라는 생각이 들었습니다. 무엇이 문제인지 계속 고민했습니다.

　도대체 왜 대화가 안 될까? 왜 다른 사람하고는 웃으며 말하다가 나하고 이야기할 때는 웃지 않는 것일까? 고민이 계속되던 어느 날 더 이상 이대로는 안 되겠다는 판단이 들었습니다. 방법을 바꾸기로 결심했지요. 바로 제가 관심을 두고 있는 이야기를 하는 게 아니라 아이가 관심 있는 주제를 찾아 이야기하기로요. 아들은 부쩍 예능 프로그램에 관심을 기울이고 있었습니다. 솔직히 말하면 아들의 나이에 중요한 것은 학업이라고 생각하는 저는 아들이 흥미로워하는 부분에는 전혀 관심이 없었습니다. 아들이 이야기해도 흘려듣기 일쑤였지요. 아니, 어쩌면 외면하고 싶었는지도 모릅니다. 하루하루 공부에 최선을 다해도 시간이 부족한데 예능 프로그램에 관심을 둔다는 게 쓸데없이 느껴졌습니다. 그런 제가 마음을 고쳐먹고 대화에 도전해보기로 했습니다. 제 흥미가 아닌 사춘기 아들의 흥미에 집중해보기로 한 것입니다.

관계가 좋아야
말이 먹힌다

사춘기 아이와 엄마와의 관계는 중요합니다. 단지 사춘기를 잘 넘기기 위함이 아닙니다. 본질적으로 부모가 아이에게 전달하는 메시지가 잘 가닿으려면 관계가 좋지 않은 상태에서는 불가능하기 때문입니다. 흔히 엄마와의 관계가 좋은 아이들이 공부도 잘

합니다. 왜 그럴까요? 평소 좋은 관계를 유지했기에 엄마가 하는 말에 신뢰를 갖고 있기 때문입니다.

한번은 차를 태워 학원에 데려다주는 길이었습니다. 평소 아들이 관심을 보였던 연예인을 기억했다가 말을 꺼냈지요. 아들의 입가에 갑자기 웃음이 번지더니 그 배우는 몇 살 때부터 일을 했고, 학교는 어디를 나왔고 하면서 차를 타고 가는 내내 재잘재잘 떠드는 게 아니겠어요?

사춘기 대화의 기본은 아이가 흥미로워하는 주제로 시작해야 한다는 것을 깨달았지요. "그 연예인은 어떻게 연기영상과에 들어갔어?", "대학 나와서는 어떻게 배우가 되었대?", "연기를 배우기에 좋은 대학교는 어디야?"라고 물으며 제가 정말 궁금한 주제도 슬쩍 끼워 넣으면서 대화를 이어나갔습니다. 여전히 아들은 신이 난 채로 어떤 학교가 좋은 학교고, 앞으로 자기는 어떤 과를 가고 싶은지도 말했습니다. 자신의 진로에 대해서도 막힘없이 술술 이야기한 것입니다.

타고난 기질을
인정하고 말하기

사춘기 아이들은 부모가 물으면 대답하기를 싫어합니다. 다른 사람의 간섭은 물론 잔소리는 최악이라고 생각합니다. 모든 것을 자신에 대한 질타로 받아들입니다. 부모가 주는 자극은 아이에게 이미 부정적으로 인식되었고, 부모는 자신을 믿지 않는다고 생각합니다. 심지어 엄마들은 벽을 쳐다보고 말하는 게 더 낫겠다고 우스갯소리를 할 정도입니다. 이 경우 잘 관찰해보면 사춘기 아이가 대화할 때 엄마 눈을 똑바로 바라보지 않는다는 사실을 알 수 있습니다. 평소 올바른 자극-반응을 충분히 경험하지 못했기 때문입니다.

반면 아이의 행동에 부모가 수많은 방법으로 응답해준 유아기 시절이 존재한다면 사춘기 아이와 대화가 자연스럽고 편안할 가능성이 높습니다. 만약 그렇지 못한 경우라도 포기하지 말고 전적으로 아이가 관심을 두는 주제로 대화를 시작해야 합니다.

"양말은 왜 저렇게 벗어났어?", "항상 너는 물건을 빠뜨리지?", "쓸데없는 물건을 왜 또 샀어?", " 그럴 줄 알았어"와 같이 아이의 행동 자체를 지적하는 말은 아이 마음의 문을 닫아버리니 지양하세요.

간혹 엄마들과 상담해보면 "우리 아이가 빠릿빠릿 했으면 좋겠어요", "우리 아이는 너무 예민해요. 조금만 무던하면 얼마나 좋을까요"라고 이야기합니다. 아이의 행동을 문제 삼고 아이의 성향이나 기질을 바꾸고 싶어 하는 것이지요. 이유는 아마 크게 두 가지일 것입니다. 하나는 엄마와 너무 다른 성향으로 인해 사사건건 맞지 않는 경우, 다른 하나는 엄마와 너무 비슷한 성향으로 인해 단점이 더욱 크게 보여 안타깝고 답답한 경우일 것입니다.

아들은 저와 정반대의 기질을 타고났습니다. 행동하는 속도가 느리고 남자아이라 민감성도 부족해서 아들에 속도에 맞추려니 엄마인 제 속은 타들어갔습니다. 선생님에게 1:1로 질문도 좀 많이 하고 면담도 적극적으로 하면 좋겠다는 생각이 가득했습니다. 어느 날 저는 아들과 저는 다른 성향과 기질을 가지고 있는데 오롯이 제 성향으로 아이를 바라본 건 아닌지 고민하게 되었습니다. 그래서 그때부터는 제 성향으로 바라기보다는 아들을 인정하려고 노력하고 기다렸지요.

아이가 외면받는 시간이
길어지지 않게

아이와의 관계를 원만하게 가꾸어나가기 위해서는 먼저 아이의 타고난 성향을 제대로 파악해야 합니다. 반응이 빠른 아이들은 보통 민감한 아이로 태어납니다. 누군가 자극을 주면 즉각적으로 반응하고 자극을 빠르게 느끼는 만큼 예민하고 세심한 성향을 지니고 있지요. 다른 사람의 시선이나 행동을 매우 신경 씁니다. 반면 누군가 자극을 주어도 반응이 느린 아이들은 기질적으로 털털하고 조금 둔합니다. 언제나 태평한 경우가 많지요. 상처를 잘 받지 않는다는 장점이 있습니다.

대개 육아서에서는 반응에 민감하지 않은 영유아를 발달시키는 방법으로 부모의 언어적 자극을 꼽습니다. "우리 아기, 우유 먹고 싶다고?", "목 말랐지? 그래, 물 먹자", "아이고, 답답했지? 기저귀 갈자" 하면서 엄마가 아이의 행동을 말로 표현하면서 언어적 자극을 많이 해줄수록 좋다고 말합니다. 물론 이러한 방법은 아이의 언어 발달에는 어느 정도 좋은 영향을 미치겠지만 그렇다고 기본 성향을 바꾸기에는 부족합니다. 부모에게 받은 아이의 유전적 기질을 어느 정도 인정하고 대화해야 합니다.

　우리 아이가 어릴 때를 떠올려보세요. 뭐라고 옹알거리기만 해도 설거지하다 뒤를 돌아보고, 아이에게 반응하지 않았던가요? 그때처럼 아이가 신호를 보내왔을 때 바로 반응해주세요. "얼마나 제가 아이에게 신경을 쓰는데요", "언제까지 아기처럼 키워야 해요?"라고 말하는 엄마들도 있을 것입니다. 하지만 아이를 키우는 일이 본래 그렇습니다. 우리의 나이가 마흔이든 예순이든 부모님이 우리를 여전히 아이로 보는 것처럼, 아이는 부모에게는 언제나 아기입니다. 특히 사춘기에는 아이가 오랫동안 부모로부터 외면받지 않도록 조심해야 합니다. 그 외면의 시간으로 인해 아이는 반응하기를 멈추어버리기도 하니까요. 이제라도 아이와 대화의 물꼬를 터보도록 노력해보세요. 아이의 성향에 맞는 올바른 자극과 반응으로 부모가 듣고 싶은 말이 아닌 아이가 듣고 싶은 말을 나누어보세요.

리더십이 있으면
좋겠어요

"리더십이 있는 아이로 키우고 싶어요", "발표를 잘하면 좋겠어요"라고 엄마들은 말하곤 합니다. 친구들 사이에서 주목받는 아이였으면, 누구나 친해지고 싶어 하는 아이였으면 하고 바라지 않는 엄마는 아마 없을 것입니다. 이왕이면 아이가 친구들 중심에서 자기가 원하는 방향으로 그룹을 이끌었으면 좋겠다고 생각하지요. 대개 이러한 특성을 두고 '리더십'이라고 표현하기도 합니다.

이때 제가 "혹시 엄마나 아빠는 어렸을 때 성격이 어떠셨어요?"라고 물으면 대부분 "좀 조용한 편이었고 앞에 나서는 걸 싫어했어요"라고 대답합니다. 자신이 살면서 부족하다고 느꼈던 모습이 아이에게 나타날 때, 부모는 아이만은 그렇게 살지 않기를 바랍니다. 그러나 아이는 부모의 유전을 가지고 태어나는 부모의 거울과도 같은 존재입니다. 타고난 아이의 성향과 기질을 인정해야 아이에게 무리한 요구를 하지 않을 수 있습니다.

게다가 타인을 이끄는 힘인 리더십은 의외로 자기 자신을 제대로 이해하고 있는 상태에서 나옵니다. 자신이 가진 성향을 충분히 발휘해 누군가를 이끄는 사람이 리더이기 때문입니다. 아이가 리더십 있는 사람이 되길 바란다면 먼저 아이가 어떤 성격을 가졌고, 무엇을 좋아하는지 알아야 합니다. 어떤 방법으로 사람들에게 영향을 미칠 것인지 파악해야 하는 것이지요. 아이의 강점은 무엇인지, 좀 더 보완되어야 할 약점은 무엇인지, 약점을 강점으로 승화하기 위해서 어떻게 해야 하는지 등을 살피는 것이 바람직합니다.

자기를 통제하는 데
어려움을 느끼는 시기

무엇보다 사춘기의 아이들은 자기 자신과의 관계에서 리더십을 배우게 하는 것이 중요합니다. 사춘기는 자신을 통제하는 데 어려움을 느끼는 시기이기 때문입니다. 왜 몸의 변화가 일어나는지, 왜 감정이 이렇게 다양하게 나타나는지 아이 스스로도 모르는 경우가 많습니다. 그 변화를 제어하거나 받아들일 때도 어려움을 겪습니다.

어느 날 아들이 말했습니다 "저도 저를 모르겠어요. 화도 나고 서운하고 그래요. 엄마, 저는 정말 농구팀에 들어가고 싶어요. 그런데 이상하게 제 몸이, 제 마음이 제 맘대로 안 돼요. 경기에서도 이기고 싶고 상대편 친구도 운동으로 눌러주고 싶어요. 그런데 이번 경기에서 지고 말았어요." 아들은 내면이 원하는 방향으로 자기 자신을 이끌어가면서 리더십을 키워가고 있었습니다.

"그 친구를 이기고 싶은 게 당연해. 엄마라도 그 친구를 이기고 싶었을 거야. 속상하고 화가 막 나지?"라고 말하면서 저는 아들의 마음에 공감하며 함께 감정을 느꼈습니다. 아들 역시 공감을 받아서 그런지 차분하게 이야기했습니다.

아들은 어떻게 하면 농구 게임에 이길 수 있는지를 찾다가 미국 NBA를 보기 시작했습니다. "엄마도 그 NBA 정말 재미있었어"라고 말하며 아이에게 다가갔습니다. 하지만 저는 실제로 농구에 대해서는 전혀 모르고 있었기에 알아가는 시간이었습니다. 아들의 마음을 헤아려주고 공감대를 형성하기 위해 한 말이었지요. 그러자 항상 방에 가서 따로 핸드폰으로 영상을 보던 아들이 갑자기 살갑게 제 옆으로 다가와 "이 선수는 흑인이었어요", "이 선수는 슛을 잘해요"라면서 반짝거리는 눈으로 선수들에 대해 구체적으로 이야기했습니다.

그때 깨달았습니다. 저의 아들은 누군가 자신의 열정과 의지를 알아차려줄 때 리더십이 발휘된다는 것을 말이지요. 그동안 저는 아들의 리더십을 키우기 위해 학급 회장 선거에 나가게 독려하고, 여름방학이면 각종 캠프 등 사회적인 활동에 참여하게 했습니다. 물론 이러한 경험도 좋지만 더 효과적인 방법은 스스로 만족감과 자신감을 얻게 하는 것입니다. 즉, 엄마가 억지로 만들어주는 활동보다 아이가 좋아하는 일에서 자기 자신을 스스로 이끄는 경험이 더 리더십을 키워준다는 사실을 다시 한 번 깨달았습니다.

부모의 인정이
리더십의 출발

아이의 리더십을 키워주고 싶다면 먼저 부모가 아이를 인정해주어야 합니다. 자기 자신을 사랑하고 인정할 줄 아는 아이만이 자신의 장단점을 파악한 뒤 다른 사람을 이끌 수 있기 때문입니다. 이때도 공감이 중요합니다. 그런데 엄마들은 이론적으로는 이해하지만 실제 어떤 방법으로 공감을 해주어야 하는지는 잘 몰라 어려움을 겪곤 합니다. 방법은 쉽습니다. 엄마가 아이가 되어보는 것이지요. 마치 아이 몸속으로 들어가 있는 것처럼 행동하면 됩니다.

"엄마, 나 좀 잘생겨 보이지 않아?", "나 이런 부분에서 좀 잘하는 거 같아"라고 말한다면 구체적으로 답해주세요. "그래, 너 잘

생겼지", "그래, 넌 다른 것도 다 잘했어"라고 지나가듯이 이야기하지 말고 "네가 볼 땐 어디가 잘생겨 보여?", "맞아, 우리 아들은 눈도 크고 코도 오똑하니 잘생겼지"라고 맞장구를 쳐주세요. "그뿐 아니라 우리 아들은 다른 사람을 참 잘 배려하지", "우리 아들은 따뜻한 마음도 가지고 있지", "상황 판단도 참 빠르지" 등 아이가 한 말 외에 다른 점을 덧붙여 칭찬하는 것도 좋습니다. 그러면 아이도 자신을 통제하는 구체적이고 객관적인 지표가 생겨 자신에 대한 만족감과 자아존중감이 높아집니다.

아이가 혼자서도 자신을 북돋아줄 수 있는 말을 알려주세요. "너는 지금까지 정말 잘하고 있어", "너 힘들지? 그래도 힘내라"처럼 자기 자신을 칭찬하고 위로하는 말은 타인의 말 못지않게 큰 힘을 발휘합니다. 제삼자의 관점에서 자신을 돌아보게 해서 스스로를 객관적으로 파악할 수 있게도 해줍니다. 별것도 아닌데 민감하게 생각한 것은 아닌지, 그렇게 두려워할 필요가 없는데 겁을 먹은 것은 아닌지 되돌아볼 수 있습니다.

다시 말해 감정을 읽고 자존감을 키워주는 모든 과정을 부모가 해주는 것이 아닌 '아이 스스로 하게' 만드는 것이지요. 그렇게 부모의 인정과 스스로의 인정이 맞물려 돌아갈 때 아이의 리더십은 크기를 키워나갈 것입니다.

적당히 잔꾀도 부리고
애교도 있으면 좋겠어요

"우리 아이는 누구한테 살갑게 못 해요", "우리 아이는 친구에게도 먼저 다가가길 어려워해서 걱정이에요." 사춘기 엄마들의 고민 중에는 아이의 사회성에 관한 것도 있습니다. 또래 관계에서의 리더십과 더불어 가장 많이 걱정하는 부분이기도 하지요. 친구에게는 먼저 다가가 말을 걸어 친해졌으면 하고, 선생님에게는 먼저 손들고 모르는 것을 물어보았으면 합니다. 적극적이고 능동적인 모습으로 지냈으면 하고 바라는 것이지요.

저 역시 그런 마음이 아주 많았습니다. 아들이 좀 더 선생님 가까이 가서 질문하고 대화를 나누면서 선생님 눈에 들었으면 하는 욕심이 있었습니다. 대학에서 강의를 하다 보면 연구실에 먼저 찾아와서 질문을 하는 학생들이 있는데, 저 역시 그런 학생에게 더 관심을 가지고 대했기 때문이지요. 꼭 알고 싶다는 눈빛으로 무언가를 물어보거나, 점수를 잘 받아야 하는 이유를 적극적으로 어필하는 학생에게 마음이 쓰이고 하나라도 더 해주고 싶다는 생각이 들었습니다.

하지만 아들은 앞에 나서는 것을 싫어했습니다. "선생님은 학생이 모르는 것을 알려주는 사람이고 게다가 너는 누구보다 반의 규칙을 잘 지키고 있으니 네가 질문하면 선생님께서 환영할 것"이라고 이야기해도 별로 변화되지 않았습니다. 심지어 아들의 말에 따르면 어떤 과목이 끝나고 난 뒤의 쉬는 시간에는 아이들이 질문을 하려고 줄을 길게 서기도 한다고 했습니다. "너는 왜 안 물어봤어?"라고 물었더니 아들은 그 긴 줄에 서 있는 게 싫었고 또 다음 시간이 체육이기에 빨리 이동해야 했다고 답했습니다. 그 말을 듣고 답답한 마음에 저도 모르게 아들을 나무랐습니다. "그 시간에 기다려서 선생님께 모르는 것을 물어봐야지? 너는 어떤 게 더 중요한지도 모르니?"라고 저도 모르게 이야기했습니다.

어느 날 모르는 게 있으면 나가서 물어보고 자꾸만 적극적으로 행동하라는 제가 부담된다고 아들이 말했습니다. "제가 필요하면 선생님께 물어볼게요", "엄마 제 일은 제가 알아서 해요"라고 딱 끊어서 이야기하는데 그래도 생각을 잘하고 있구나 하는 안도감이 들었습니다. 저는 아들을 나의 분신, 내가 낳은 내 '아이'라고 생각하며 아들의 주도성과 주체성을 간과한 것 같습니다. 그저 아들이 하는 행동이 제 기준에서 옳은지 그른지에만 초점을 맞추고 있었지요.

착한 아이보다
지혜로운 아이로

아이들은 결코 생각 없이 행동하지 않습니다. 나름대로 많은 고민을 한 뒤 행동에 옮기는 것이지요. 그런데도 아이의 행동을 항상 질책하고 어린아이 취급을 하다가는 자율성과 독립심을 망가뜨릴 수도 있습니다. 충분히 혼자 해결할 수 있는 문제라면 아이에게 오롯이 맡겨야 합니다. 그로 인해 좋지 않은 결과가 나와도 책임을 지는 연습을 하면서 행동을 스스로 교정해나가야 합니다.

그런데 보통의 엄마들은 아이 스스로 문제를 해결하기까지의 시간을 기다리지 못합니다. 혹은 엄마가 원하는 방식대로 문제를 해결하지 않았다고 아이를 다그치기도 합니다. 아이가 성인이 되어서도 엄마의 말을 따르느라 자기 내면의 소리는 듣지 못한 채 살기를 원하는 것은 아니시겠지요. 아이에게 엄마의 생각을 얼마나 강요하고 주입하고 있는지 지금 냉정하게 돌아보아야 하는 이유입니다.

엄마는 아이가 인간관계에서 능숙하게 대처하고, 자신의 것을 좀 더 챙기는 영리한 사람으로 살아갔으면 하고 바랍니다. 말로는 "착한 딸", "우리 아들 착하네"라고 칭찬하지만 그 행동은 부모에게만 한정되었으면 하고 속으로 바랍니다. 적당히 잔꾀도 부리고 애교도 피우며 사회적 관계를 융통성 있게 유지하길 바라는 것이 솔직한 부모의 마음 아닐까요? 그러면서도 한번도 처세술이나 다른 사람과 관계 맺는 법을 가르쳐준 적은 없습니다. "버릇없이 행동하면 안 돼", "착하게 행동해", "엄마 아빠 말을 들어야지"라는 말만 들어온 아이는 자연스럽게 다른 사람과의 관계에서도 그저 '착한' 아이가 됩니다.

문제를 일으키지 않고 착실히 공부 잘하는 착한 아이로 키우기보다는 자신의 삶을 개척해나가는 지혜롭고 똑똑한 아이로 키워야 합니다. 그러기 위해서는 부모가 달라져야 합니다.

식탁에 앉아 밥을 먹을 때에는 공부와 성적 이야기보다는 세상살이에 관해 이야기를 해보세요. 책을 읽고 토론하는 것도 좋지만 시간을 많이 내기가 어려우니 식사 시간에 틈틈이 작은 세상살이 지혜를 일러만 주어도 좋습니다. 친구와의 관계뿐 아니라 선생님과의 관계에서도 처신을 잘하는 방법 등을 알려주어야 합니다. "다른 사람은 네가 표현하지 않으면 알 수가 없어. 네가 무엇을 잘하는지, 무엇을 못 하는지, 무엇이 필요한지 알 수 없어. 그래서 도움이 필요하면 '무엇이 필요해요'라든지 '이게 부족해요'라면서 표현할 수 있어야 해"라고 이야기해주세요.

엄마의 개입은
최소한으로

선생님과의 관계를 아이가 좋게 맺는 것은 영민한 행동이 아니라 아이의 성장을 위해서 필요한 일입니다. 우리나라 사람들은 학생이 개별적으로 선생님을 찾아가면 마치 무언가 잘 보이기 위해서 그러는 것이라는 선입견을 가지고 있습니다. 그런데 잘 보이면 어떤가요? 아니 오히려 선생님께는 잘 보여야 하는 것입니다. 물론 과한 선물을 주거나 학생으로서 도리 이상의 것을 하라는 뜻이 아닙니다. 눈에 띄어야 기억하고, 기억해야 관심이 가고, 관심을 받으면 공부도 더 잘하는 것이 자연스러운 인간의 본성이라는 것이지요.

부모가 직접 나서기보다 아이 스스로 문제를 해결할 수 있는 힘을 기르도록 해야 합니다. 처음부터 너무 과한 행동을 아이에게 요구하지 않도록 하세요. 적당한 시간을 두고 선생님께 한 가지 질문을 하고 오도록 지도해보세요. 아이가 미션을 성공해서 오면 칭찬과 격려를 아끼지 마세요. 여기서 주의할 것은 아이가 행동하도록 만들려면 엄마의 개입은 최소한으로 줄여야 한다는 것입니다. 이를테면 선생님을 찾아가거나 전화를 해서 아이가 스스로 문제 상황을 해결할 의지를 꺾지 말아야 합니다. 모든 것이 척척 준비되는데 나서서 움직이고 싶은 사람은 아무도 없습니다.

여기서 아이의 기질과 성격도 고려해야 합니다. 사람에게 찰싹 달라붙어 친밀감을 잘 표현하는 아이도 있지만, 태생부터 친밀감을 표현하는 데 서툰 아이도 있습니다.

한번은 아들이 제게 말했습니다. 과학 과목은 어렵고 수업도 재미가 없다고 말이지요. 그런 상황이니 성적이 잘 나올리가 없겠지요. 답답한 마음에 담임 선생님께 말씀을 드렸더니 이제 중학생이니 아이가 직접 와서 이야기하게 하라고 했습니다. 아들이 과연 선생님께 고민을 털어놓았을까요?(웃음) 그럼에도 아이를 나무라서는 안 됩니다. 아이의 성격과 기질을 인정해주고 그 위에서 해결점을 찾아가야 하는 것이지요.

아들은 싹싹하게 자기를 표현하고 조금은 능글맞게 행동하지는 못했지만, 하기 싫은 것도 참고 해내는 끈기는 있었습니다. 저는 아들과 대화 끝에 학교 수업을 보충할 수 있는 과학 인강을 듣는 것으로 타협점을 찾았습니다.

아이가 가지고 태어난 장점을 강점으로 살려 어려운 상황을 이겨내도록 만드는 것이 부모의 역할입니다. 단점을 지적하고 고치려고 하는 것이 아니라요. 특히 평소 말 대답을 못하게 하거나, 자기 의견을 표현하는 분위기가 조성되지 않은 환경에서 자란 아이일수록 어른과의 관계를 힘들어한다는 점도 기억하셨으면 합니다.

만약 무엇이든 혼자서 시작하는 것이 서툰 아이라면 반대 성향의 친구를 사귀게 해주는 것도 좋습니다. 함께 어울리며 친구의 행동 양식을 흡수하기도 합니다. 물론 아이들은 커갈수록 엄마가 짝지어주는 대로 친구와 어울리지는 않습니다. 그럼에도 아이들의 마음속 깊은 곳에는 엄마의 의도를 어렴풋이 이해하고 있습니다. 무엇보다 함께 대화를 통해 문제를 해결하는 습관을 들이면 점차 아이는 자신을 표현하는 데 익숙해질 것입니다.

사춘기 학교생활은
사회생활을 닮았다

아들이 초등학생일 때는 동네 엄마들과 자주 만났습니다. 국공립 초등학교를 다녔던 터라 아들은 남자아이 여자아이 할 거 없이 두루 섞여 평범하게 지냈습니다. 친구들과 함께 논술 공부도 하고 태권도도 같이 다녔지요.

그러던 어느 날, 제가 직장에 나갔을 때 아이가 울면서 전화를 했습니다. 우리 집에서 친구 두 명과 영어공부팀을 짜서 공부를 마친 뒤 선생님이 가신 후였습니다. 친구들이 자기 핸드폰을 숨기고 신발 한 짝을 창문으로 던졌다고 했습니다. 우리 집은 17층이었습니다. 저는 한걸음에 집으로 달려갔습니다. 그러나 이미 제가 집에 도착했을 때 아이들은 돌아간 뒤였지요. 몇 차례 이런 일을 겪으면서 저는 아들에게 그런 친구들은 별로 도움이 안 될 거 같다며 만남을 자제시켰고, 엄마들끼리도 소원해지면서 아들이 참여하던 공부 모임도 결국 무산되었습니다. 그때는 그게 최선인 줄 알았습니다.

그맘때의 아이는 누구나 친구 사이 진통을 겪으며 자라고, 그 경험을 통해 내면이 더욱 단단해지는 것인데 그때는 그 사실을 미처 몰랐지요. 마치 아들과 제가 한 사람인 것처럼 감정을 이입했습니다. 엄마인 제가 감정을 앞세워 행동하니 상황은 안 좋아졌습니다. 아들은 친구를 잃었고 저 역시 관계가 흐트러졌습니다. 당시 지혜가 조금만 더 있었다면 관계를 유지하며 문제를 해결했을 텐데, 좋은 친구들을 곁에 두게 해주고 싶었던 엄마의 마음에 관계를 차단하는 손쉬운 방법을 택했던 것입니다.

이처럼 아이가 상처받는 모습을 볼 때 엄마는 아이가 문제를 해결하고 멘탈이 강한 아이로 자랄 수 있도록 도와주어야 합니다. 물론 내 아이가 상처받는 모습을 가만히 지켜보는 일은 쉽지 않습니다. 그렇지만 아이는 다양한 관계 속에서 문제를 해결하는 힘을 반드시 길러야 합니다. 나중에 아이가 사회로 나가 마주치는 수많은 관계에서 튼튼하게 자기를 지키려면 꼭 필요한 힘이지요. 엄마의 감정으로 인해 그 힘을 기를 기회를 없애지 않도록 주의하세요. 아이에게 필요한 것은 모든 것이 준비되어 있는 '온실'이 아닙니다. 성숙한 엄마가 되는 일은 이처럼 어려운 일입니다.

아들은 중학생이 되고는 기숙사 생활을 하면서 더 다양한 아이들과의 관계 속에서 스스로를 성장시켜야 했습니다. 과자를 나누어 먹자고 말하니 돈을 주고 자기한테 사 먹으라고 말하는 아이부터 기숙사 방에 들어와 얼굴에 모기약을 뿌리고 도망가는 아이까지 그동안 경험해보지 못한 다양한 면면의 아이들이 존재했습니다. 초등학교 때 사소하게 있었던 작은 따돌림을 넘어 드러내놓고 친구 사이를 갈라놓는 아이도 있었습니다. 평소에 같이 놀지 않으면 모둠 활동이나 학급 활동에서 기회조차 주지 않는 아이도 있었고, 점수를 잘 받기 위해 선생님께 살살거리는 아이, 자신의 과제를 친구에게 당당히 대신해달라는 아이도 있었습니다.

저는 늘 아들에게 다른 사람을 배려하고 협력하는 사람이 되어야 한다고 일러왔습니다. 아들도 저의 말을 잘 받아들여 그대로 지내려고 노력하는 모습을 보였지요. 그런데 아들이 기숙사에서 만난 아이들은 그동안 제가 지켜왔던 가치관을 무너지게 만들었습니다. 영화를 좋아하고 영상 편집을 좋아하는 아들은 친구들이 과제를 부탁할 때마다 밤을 새워 해주곤 했습니다. 그러나 친구들의 다정함은 그때뿐이었습니다. 저는 아들에게 학교생활은 축소된 사회생활을 하는 것이고 다양한 경험을 통해 네가 많이 성장하고 있다고 이야기해주었습니다.

아들에게는 그렇게 이야기했지만 어떻게든 원하는 것을 손에 넣으려는 아이들을 지켜보며 우리나라 교육에 대해 회의가 들 정도였습니다. 제가 어렸을 때 경험한 친구 관계, 환경과는 너무도 달랐습니다. 남편은 오히려 이런 야생적 환경이 외동으로 자라는 아들에게 도움이 될 것이라고 말했습니다. 처음에는 저도 아이를 보며 혼란도 있었지만 결국 아이가 스스로 독립해서 문제를 해결하려면 다양한 환경에 노출되어 경험하는 것이 필요하다고 생각했습니다. 옳지는 않지만 우리와 다른 생각, 다른 가치관을 가진 사람들이 어디에나 있다는 이야기를 들려주곤 했습니다. 아들은 시간이 흐르며 사회 속에서 살아남는 자신만의 방법을 익히고, 적응하고 성장했습니다.

어린아이로 보는
시선을 거두자

사춘기 친구 관계를 아직 어린아이들의 관계로 보는 저의 시선이 문제였습니다. 사춘기에 들어서면 아이는 사회생활을 시작한 것이나 다름없습니다. 사회생활은 어른이 되어야 한다는 것이 저의 착각이었습니다. 물론 이미 유치원, 초등학교 때부터 아이는 사회생활을 시작했지만 중학교, 즉 사춘기 아이의 사회생활은 마치 어른의 세계와 놀랍도록 유사했습니다.

때문에 사춘기가 되면 아이가 어떻게 하면 다양한 면면의 친구들 속에서 단단한 자기를 지켜나가며 건강한 관계를 맺을 수 있을지 반드시 고민해야 합니다. 감정이나 기분으로 문제를 해결하지 말고 지혜롭게 대처하는 방법을 일러주어야 하지요. 가정은 사회를 구성하는 1차 집단이고 학교는 2차 집단입니다. 즉 학교는 특정한 목적을 위해 모인 구성원이 일시적인 관계를 형성하는 곳이지요. 부모는 아이가 아직 어리다는 생각 때문에 부지불식간에 1차 집단의 행동 양식을 여전히 아이에게 가르치고 있지 않은지 돌아봐야 합니다. 사춘기 아이에게는 2차 집단의 사회생활이 더 많은 일과를 차지하고 일상의 전반을 좌지우지하고 있음을 깨닫고 엄마도 좀 더 냉정하게 마음을 먹어야 합니다.

초등학교 때처럼 엄마들 사이에서 지나치게 친분을 유지하는 일도 가급적 피하는 게 좋습니다. 엄마들끼리 만나다 보면 자연스럽게 아이의 단점을 말하게 되고 그 말이 돌게 되면 아이가 원치 않게 힘든 일이 발생하는 사례도 여러 번 보았습니다.

저는 아들이 중학교에 들어갔을 때 두 명의 엄마와 가까운 사이로 지냈습니다. 처음에는 마치 친동생과 친언니처럼 지냈는데 시간이 갈수록 '내 아이 먼저'라는 생각이 드러날 수밖에 없었습니다. 한번은 여름방학 때 아이들을 데리고 수영장에 가자고 의기투합했습니다. 아들은 친구들과 수영장에 몹시 가고 싶어 했는데, 마침 몸살감기에 걸려서 가기가 어려운 상황이었습니다. 저는 내심 다른 날로 잡았으면 했지만, 결국 아들만 빠지고 나머지 아이들은 수영장에 갔습니다. 내막을 보니 호텔 회원권을 가지고 있던 한 엄마의 일정에 나머지 다른 엄마가 맞추었던 것입니다. 제게 "회사생활만 해서 이런 건 잘 모르는 것 같아요"라며 지적하는 엄마의 말에 저는 어리둥절했습니다. 친하다는 의미는 서로를 신뢰하고 어려운 문제를 함께 해결해나가는 사이 아닌가요? 시간이 안 된다는 말에 다른 날짜를 잡기보다 그냥 아들을 빼고 몰래 만난 엄마들의 태도를 보며 저는 현실을 깨닫기 시작했습니다. 아이를 앞세워 맺은 엄마의 관계는 순식간에 등을 돌릴 수도 있는 관계라는 것을 말입니다.

관계 맺는 힘을
기르도록

사회가 도덕 교과서처럼 바르기만 한 게 아니듯 학교도 마찬가지입니다. 제가 너무 심각하게 이야기한다고 생각하는 분도 있겠지만 엄마가 먼저 학교생활이 냉정한 사회생활과 같음을 인지하고 있어야 아이도 상처를 덜 받게 됩니다. 엄마가 언제까지 아이의 방패막이가 되어줄 수는 없습니다. 아이는 결국 혼자 헤쳐나가야만 합니다. 『탈무드』에서는 고기를 잡아주지 말고 고기를 잡는 방법을 가르치라고 말합니다. 아이가 자기 자신을 보호할 힘을 키워주세요. 작은 계곡에서 헤엄치는 것에 만족하는 물고기로 키울지, 넓은 태평양을 유영하는 고래로 키울지는 엄마의 몫입니다.

도움이 되는 친구만
사귀었으면 좋겠어요

엄마에게 아이의 친구 관계는 늘 관심의 대상입니다. 특히 사춘기 아이를 둔 엄마라면 어떤 친구를 만나고 있는지, 혹여 친구한테 좋지 않은 영향을 받아 학업을 등한시하는 건 아닌지 걱정이 앞설 수밖에 없습니다. '친구 따라 강남 간다'라는 속담처럼 사춘기 아이는 친구의 영향을 매우 강하게 받기 때문이지요.

'정체감 위기Identity Crisis'라는 말을 만들어낸 발달심리학자이자 정신분석학자인 에릭슨Erikson에 의하면 인간의 발달 단계 중 사춘기는 정체감 대 정체감 혼미의 시기입니다. 이때의 발달 과업은 자아정체감을 확립하는 것이지요. 나는 누구인가에 대한 답은 저절로 찾아지지 않기에 사춘기 아이는 끊임없는 질문과 방황 속에서 살아갑니다.

그래서 이 시기에는 엄마와 대화하는 것이 힘듭니다. 나는 누구인가에 대한 질문이 계속 머리를 맴도는데, 엄마는 학업과 관련된 성적을 캐묻는다든지, 잘못된 생활 습관을 지적하는 등 원하는 대화 주제가 전혀 다르기 때문입니다. 게다가 신체적 성장도 급속도로 이루어지는 시기로 남자아이의 경우에는 몽정과 사정, 여자아이의 경우에는 초경 등 몸의 낯선 변화로 혼란스럽습니다. 그래서 비슷한 상태로 같은 주제에 대해 마음 편히 이야기 나눌 수 있는 친구에 더 의존하게 되지요. 엄마와 지내는 시간보다 친구와 보내는 시간이 더 유익하고 행복하다고 느끼기도 합니다. 친구들과 공감대를 형성하면서 엄마의 행동을 함께 흉보기도 하고, 대화 중 비속어를 섞기도 하면서 그들만의 작은 일탈을 만들어 결속력을 다지기도 합니다.

친구 관계 맺는 법
구체적으로 알려주기

부모는 사춘기 고유의 문화를 인정해주어야 합니다. 사춘기가 지나 자아정체성이 확립되면서 부모에 대한 원망이나 사회에 대한 미움도 자연스럽게 사라지니 크게 걱정하지 않아도 됩니다. 다만 좋은 친구를 만날 수 있도록 도움을 주어야 합니다. 사춘기는 초등학교 때처럼 엄마들이 친하게 지내며 아이들을 만나게 하는 때가 아닙니다. 때문에 가정에서의 교육이 더욱 중요합니다. 담배를 피운다든지, 나쁜 행동을 하는 친구들과 친해졌을 때는 이미 시기적으로 늦을 수 있으니 사춘기가 되기 전부터 아이의 친구 관계에 관심을 기울여 아이가 올바른 판단력을 지닐 수 있도록 해야 합니다. 좋은 친구란 무엇인지, 어떻게 하면 친구를 사귈 수 있는지, 친구 사이에 상처받았을 때는 어떻게 해야 하는지 등 방법을 구체적으로 알려주어야 합니다. 아이가 여러 친구를 사귀다 보면 부딪혀가며 깨닫겠지 하고 치부해서는 안 됩니다. 부모가 말로 전달할 수 있는 삶의 지혜를 아이가 시행착오를 통해 깨닫게 두다가는 아이의 자존감에 상처가 생길 수도 있습니다. 게다가 올바른 방법을 깨닫지 못할 가능성도 존재합니다.

호감이 가는 친구가 있으면 먼저 다가가 사귈 수 있도록 방법을 알려주세요. 친구가 도움을 요청할 때 큰 마음으로 도움을 주되 자신의 소중한 것은 지키는 요령을 일러주는 것도 잊지 마세요. 특히 마음의 크기는 똑같지 않아서 내가 좋아하는 친구가 다른 친구를 더 좋아할 수 있다는 사실도 미리 인지시켜주세요. 또한 한 명의 친구를 만들기 위해 너무 애쓰지 않아도 된다고 말해주세요. 학교생활은 곧 제2의 사회생활이므로 한 친구와의 관계를 지나치게 밀접히 하다가 친구가 배신을 하거나 마음이 떠나면 심한 상처를 받기도 합니다. 무엇보다 다른 사람을 통해 자신의 가치를 확인하지 않도록 스스로를 사랑하는 긍정적인 자아관을 갖도록 도와주세요. 더 나아가 친구뿐만 아니라 모든 관계에 있어서 '바라는 마음'은 자신에게 좋은 영향을 주지 않는다는 사실을 알 수 있도록 해주세요. 친구를 사귀는 게 중요하긴 하지만, 감당하지 못할 만큼 상처와 아픔을 주는 관계라면 지속할 필요가 없다는 것도 알려줄 필요가 있습니다. 친구 관계에서 힘이 들 때는 친구를 사귀지 않고 잠시 쉬어가는 것도 하나의 방법이라고 알려주면 아이가 더 편안하게 친구 관계에 임할 수 있습니다.

겉으로 보이는 자기 모습 즉, 착한 모습의 나, 규칙을 잘 지키는 나, 다른 사람을 잘 도와주는 나 등 자신에 대한 이상적인 이미지를 만들 필요가 없다는 것도 알려주세요. 자신을 사랑하고 인정할 수 있어야 힘든 사회적 관계를 원만히 맺을 힘이 생깁니다. 남이 보는 괜찮은 내가 아닌 내가 사랑하는 나의 모습을 만들어갈 수 있도록 부모가 유도해야 합니다. 무엇보다 이 모든 말들이 아이에게 통하려면 누구보다 엄마가 먼저 아이의 장단점을 그대로 받아들이고 아이를 온전히 이해해야 합니다.

적당한 거리를 두고
믿어주기

사춘기 부모가 가장 먼저 갖추어야 할 태도는 아이를 믿어주는 것입니다. "엄마는 우리 ○○가 스스로를 잘 챙길 것을 믿고 있어. 엄마 마음이 불안하지만, 우리 ○○를 엄마는 끝까지 믿을 거야"라고 이야기해주며 신뢰감을 형성해야 합니다. 너무 밀착해서 아이의 친구 관계나 사생활에 대해 알고 싶어 하면 아이가 부담감을 느끼기도 합니다. 적당한 거리를 두고 서로 존중해주는 태도가 필요합니다.

만약 어느 날부터인지 아이가 엄마를 멀리하고 친구와 더 가까이 지낸다면 서운해하지 말고 "우리 아이가 잘 성장하고 있구나"라고 생각하면 됩니다. 엄마가 아이의 사생활을 궁금해하거나, 꼬치꼬치 알려고 하면 할수록 아이는 엄마를 점점 더 멀리할 것입니다.

꼭 해야 할 말이 있다면 제삼자를 이용하는 것도 좋습니다. 형제나, 친척, 과외 선생님 등을 통해 아이에게 전달하고 싶은 이야기를 우회적으로 해보세요. 엄마가 겪은 어린 시절의 이야기를 토대로 하는 말보다 제삼자의 입장에서 하는 객관적인 이야기를 아이는 받아들이기 편하다고 느낍니다.

부모와 자식 사이의 관계가 너무 멀어졌다고 느낀다면 가족여행을 통해 관계를 회복하고 친밀함을 확인하는 것도 하나의 방법입니다. 사춘기 아이에게 중요한 것은 숨을 쉴 수 있는 공간입니다. 적당한 거리, 여행 등으로 그 공간을 마련해주어야 합니다. 마지막으로 유념해야 할 것은 학업 스트레스를 지나치게 주어서는 안 된다는 사실입니다. 학업 스트레스가 많을수록 아이들은 관계에서 돌파구를 찾고 싶어 합니다. 나쁜 행동을 하는 친구들과 어울리며 일탈을 꿈꾸는 것이지요.

적당한 거리를 유지하며 사이좋은 관계가 되고 싶은가요, 아이를 끼고 살면서 바람 잘 날이 없는 관계가 되고 싶은가요? 아이와의 적당한 거리가 필요한 이유를 되새기며 지내다 보면 어느새 아이는 멋진 어른으로 성장해 엄마 옆을 다시 찾아올 것입니다.

친구 사이 따돌림,
어떻게 대처할까요?

사춘기 아이들 사이에서 발생하는 집단 따돌림은 별 이유 없이 행해지는 경우가 많습니다. "그냥 얼굴이 별로라서요", "이유는 없어요", "기분 나빠서요", "다른 애들은 따돌리는데 제가 같이 놀면 저까지 따돌려서요"라고 아이들은 표현합니다.

집단 따돌림bullying 또는 집단 괴롭힘은 집단에서 복수의 사람들이 한 명 또는 소수를 대상으로 의도와 적극성을 가지고, 지속적이면서도 반복적으로 관계에서 소외시키거나 괴롭히는 현상을 말합니다. 안타까운 것은 집단 따돌림을 당하는 아이들은 90퍼센트 이상이 최악의 상황이 올 때까지 부모에게 아무 말도 하지 않는다는 사실입니다. 만약 우리 아이가 이런 상황에 처했다는 사실을 알게 되면 어떻게 하는 것이 좋을까요?

엄마가 아이에게
해주어야 하는 말

은연중에 아이의 행동을 지적하거나 "너도 뭘 잘못했겠지"라는 식의 말을 하지 않도록 주의해야 합니다. "일은 언제나 일어나지만, 우리가 대처하는 방법에 따라 그 결과는 달라질 수 있어", "차분히 엄마한테 이야기해줄 수 있을까?", "너무 힘들면 말하지 않아도 돼"라면서 아이의 입장을 충분히 고려해 말해야 합니다. 혹은 다음과 같은 식의 비유를 사용해 말하는 것도 좋습니다.

"거리에서 누가 보기에도 평범해 보이지 않는 사람이 싸움을 거는 바람에 시비가 걸렸어. 그 사람과 우리는 싸워야 할까, 아님 그냥 지나가야 할까? 아마도 엄마는 그냥 지나가야 할 것 같다는 생각을 했을 거야. 같은 일이야. 다른 사람을 존중하지 못하고 깎아내리고 비하하는 사람은 그 타깃이 어떤 사람인지는 중요치가 않아. 마치 이상한 사람이 그런 것처럼 우연히 마주친 사람이 타깃이 되었을 뿐이지. 피해를 당한 건 정말 아픈 일이고, 세상에 무슨 이런 날벼락 같은 일이 있을까 싶어서 많이 힘들겠지만 그 원인은 너에게 찾을 게 아니야. 그 아이의 삐뚤어진 인성에서 찾아야 하는 거야. 이건 싸워서 이기고 지고의 문제가 아니고, 이상한 사람을 봤으면 앞으로 피하라는 교훈을 주는 것뿐이야."

이유 없는 짜증은
일종의 신호

부모가 아이에게 일어나는 일을 알아차리려면 항상 아이의 기분 상태나 친구 관계를 살피는 것이 중요합니다. 요즘은 기분이 어떤지, 평소와 행동이 다르진 않은지, 아이의 최근 관심사는 무엇인지 살펴야 합니다. 아이들은 무엇이든 하루아침에 이야기하지 않습니다. 어느 감정이든 임계점에 다다랐을 때 겉으로 드러냅니다. 특히 엄마가 관심 있게 봐야 할 것은 아이가 이유 없이 짜증을 낼 때입니다. 아이 안에 복잡한 문제가 있다는 것을 의미하기 때문입니다. 이때 아이는 무엇 때문에 속상한지 이야기하지 않는데, 우여곡절 끝에 답을 들으면 친구 관계 때문인 경우가 대부분입니다.

어느 날부터인지 저의 아들도 우울한 표정이었습니다. 우리 부부는 지금은 사춘기라 그렇지 조금 있으면 나아질 거라고 생각하면서 인내했습니다. 그럼에도 아이의 짜증은 사사건건 이어졌고, 남편은 아들을 불러 도대체 이유가 뭐냐고 물었습니다. 한참 동안 아들은 이야기하지 않았습니다. 우리는 점점 답답했고 순식간에 분위기가 얼어붙었습니다. 다시 이유를 물어보았는데도 역시 짜증 섞인 말투입니다. 급기야 남편은 언성을 높여 "도대체 왜 엄마와 아빠한테 짜증을 내는데? 너무 걱정되고 신경 쓰여"라며 아들을 나무랐습니다. 그렇게 하면 안 되는 줄 알면서도 남편도 답답했던 모양입니다.

다행히 아들은 천천히 입을 열기 시작했습니다. 학교에서 여자아이가 남자친구와의 문제를 아들에게 상담했는데 그걸 알게 된 남자아이가 우리 아들을 미워하고, 다른 친구들을 몰고 다니며 아들을 따돌리고 있다고 했습니다. 자기는 말을 들어준 것뿐인데 친구들이 자기를 피하는 것 같아 속상하다고 했습니다. 아들은 분명 자기가 잘못한 게 없는 것 같은데 학교생활이 너무 힘들어졌다고 했습니다.

아들의 머릿속이 실타래처럼 엉켜 있는 게 느껴졌습니다. 아들은 엄마 아빠에게는 말하고 싶지 않았다고 덧붙였습니다. 자존심도 상하고 괜히 걱정을 끼치는 것 같아서 싫었다고 했지요. 그렇지만 우리 부부도 이유 모를 짜증을 받아주는 데는 한계가 있었습니다. 평소에 아이를 관찰하고 소통해야 한다는 것을 알고 있었지만 바쁘다는 핑계로 실천하지 못해서 발생한 일이었습니다.

아이의 행동 말고
마음에 관심을

사실 부모들은 아이가 방에서 핸드폰을 보면 무엇을 보는지 무엇에 관심이 많은지 알려고 하지 않습니다. 핸드폰을 본다는 그 자체에 이미 화가 나 있어 내용에는 관심이 전혀 없는 것이지요. 농구를 보는지, 게임을 하는지, 게임을 한다면 무슨 게임을 하는지, 영화를 본다면 어떤 장르의 영화를 좋아하는지 도무지 관심이 없습니다. 아이와 소통은 기본적으로 아이가 좋아하는 주제로 시작이 되어야 하는데도 불구하고 부모들은 내 아이가 좋아하는 것, 싫어하는 것, 관심 있어 하는 것, 힘들어하는 것에는 무관심합니다.

그저 부모의 관점으로 판단하고 아이가 해야 할 일만 바라보고 아이를 다그칩니다. 그러면서 아이와 이야기하면 벽이 쳐져 있는 것 같다고 하소연합니다. 대화의 벽을 없애려면 지금이라도 아이가 흥미 있는 게 무엇인지 알려고 하고, 아이 입장에서 생각하고 배려해야 합니다. "무슨 말도 안 되는 걸 해"라든지 "학생이 공부는 안 하고 쓸데없는 거에 관심을 가져", "부족한 게 없어서 그래" 등의 말을 앞세워서는 절대 소통이 되지 않습니다.

따돌림이라는 사건에서 내 아이가 가해자도 피해자도 되지 않게 하려면 평소 아이와의 소통이 원활해야 합니다. 여기서 소통은 대화를 나누는 시간이라는 관점으로 보면 안 됩니다. 대화는 많이 하지만 일방적으로 말하거나 잔소리만 하는 경우도 있습니다. 대화의 양보다 질이 중요함을 기억하세요. 서로 같은 점과 다른 점을 이해하고 배려할 때 아이는 비로소 부모와 소통하는 데 마음을 열고 어려운 문제들도 툭 터놓고 이야기할 수 있습니다.

저는 아들이 친구 문제를 털어놓았을 때 "그럼 다른 친구를 사귀면 되잖아", "그 친구 말고도 좋은 애는 많아", "그 친구는 아주 나쁜 아이네"라며 어른의 관점으로 쉽게 말하지 않았습니다. 선불리 해결책을 제시하려고 하지도 않았고 아들의 말을 끝까지 들어주려고 노력했습니다.

단단한 자아정체감이
무기

흔히 따돌림의 당사자가 되는 아이에게는 어떤 문제가 있거나 하물며 자기주장이 너무 센 성향이라도 있을 거라고 지레짐작합니다. 그러나 실제로 따돌림을 당하는 아이는 자신의 의견을 피력하기보다 친구의 의견을 들어주고 타인에게 민감하게 맞추어주는 아이가 더 많다고 합니다. 즉 정체성이 확고히 확립되어 있지 못한 아이일수록 친구에게 휘둘릴 가능성이 높아지는 것입니다.

아이들이 따돌림을 당할 때 가장 힘든 것은 곁에서 진정으로 위로해줄 사람이 한 명도 없다는 점이라고 합니다. 때문에 부모의 현명하고 성숙한 지지가 무엇보다 중요합니다. 평소 가정에서 정서적으로 인정받은 아이라면 따돌림이라는 충격은 어느 날 일어난 해프닝처럼 자연스럽게 치유될 것입니다. 결국 외부 환경으로부터 오는 충격을 아이가 어떻게 받아들이느냐가 중요한 것이지요. 슬프고, 고통스럽고, 놀랍고, 불안한 상황이 아이에게 닥쳤을 때 이 문제를 어떻게 바라보고, 어떻게 해결하는지는 아이가 성장하는 동안 저장해놓은 단단한 마음 근육에 달려 있습니다.

부모가 해야 할 일은 명확합니다. 아이가 자아정체성을 갖추도록 하는 것입니다. 지금 책을 읽은 이 순간부터 다짐하세요. 일방적인 훈육이 아닌 진정한 대화를 시작하겠다고 말이지요. 그것이 사춘기 아이를 친구 관계에서 현명하게 지키는 길입니다.

집안 경제 수준에 대해
언제 얘기할까요?

세상의 모든 엄마는 아이에게 좋은 옷, 좋은 음식, 좋은 집 등 좋은 것만 주고 싶습니다. 가능하면 좋은 환경에서 아이를 키우고 싶은 욕심은 부모라면 누구나 갖고 있는 마음일 테지요. 하지만 모두가 그렇게 할 수는 없는 것이 현실입니다. 어느 곳에 가든 사회적, 경제적 차이는 존재하고, 아이들도 친구와의 다른 환경을 알게 되는 시점이 있습니다. 그렇다면 과연 아이에게 언제 집안 사정에 대해 알게 해주는 것이 좋을까요?

저는 아들이 주입식 교육이 아닌 창의적 교육을 받았으면 해서 제도권에서는 조금 벗어나 있지만 질 좋은 교육을 제공하는 국제학교를 선택했습니다. 그런데 국제학교에 가보니 교수, 변호사, 의사 등 사회적 명예와 지위가 있는 부모의 자녀뿐 아니라 작은 사업에서부터 주식회사를 운영하는 부모의 자녀까지 다양한 경제 수준의 아이들이 공존하고 있었습니다. 다양한 환경에서 자란 아이들 속에서 혹시나 아들이 상처를 받지 않을까 걱정되었습니다. 더 솔직한 표현으로는 아들이 여러모로 '밀려서' 열등의식이 생길까 봐 고민되었습니다. 가치관이 확고히 정립되지 않은 시기에 경제적으로 큰 차이가 있는 여건에 노출되면 아이의 원만한 정서 형성에 나쁜 영향을 미치기 때문입니다. 물론 어느 집단이나 사회적·경제적 차이는 존재하기에 어떤 곳에 살든, 어떤 곳에 다니든 상대적 박탈감은 필연적이고 아이들도 그 미묘한 차이를 언젠가는 깨닫게 됩니다.

언제 집안 사정을 이야기해야 하는지에 관한 문제를 두고 고민할 때 들은 이야기가 있습니다. 두 명의 아이를 모두 미국으로 유학을 보낸 지인이 있는데, 한 명당 1년에 약 1억씩 즉, 매년 2억이라는 돈이 들었다고 합니다. 부부는 대학 교수와 외국계 회사 임원으로 나름대로 부유한 경제 상황을 유지했지만, 아이들의 유학이 길어질수록 가지고 있던 집도 팔아야 하는 상황이 왔다고 합니다. 아이들이 대학생이 되었을 때 마침 아버지가 퇴직해서 그간의 일들을 들려주었지요. 아이들은 그제서야 공부하는 데 이렇게 많은 돈이 들었고, 부모님이 살고 있던 집도 팔아야 했다는 사실을 알게 되어 괴로워했다고 합니다. 이런 이야기를 좀 더 부모님이 일찍 해주었으면 좋았을 텐데 이미 모든 것이 지난 후에 듣다 보니 조금은 충격적이었나 봅니다.

운이 없는 아이라고
생각하지 않도록

저는 아들에게 집안 사정을 언제 어떻게 이야기해주어야 하는지, 특히 사춘기 아이에게 어디까지 말을 해야 건강한 정서 형성에 도움이 되는지 고민했습니다. 저는 시기에 맞게 차례차례 알려줄 필요가 있다고 결론을 내렸습니다. 어린 시절부터 경제적인 면에서 아이에게 많은 부담을 주게 되면 스스로 '운이 없는 아이'라고 생각하기 쉽기 때문입니다. 그래서 중학교 1학년 때까지는 되도록 아이가 원하는 것을 사주려고 노력하고, 좋은 레스토랑이나 호텔 등을 경험해보게 했습니다.

그런데 남편은 저와 반대 의견을 가지고 있었습니다. 어릴 적부터 결핍을 알아야 한다고 말했습니다. 결핍을 모르면 아이가 버릇없는 아이로 자라고, 부족한 게 없기에 동기부여가 되지 않는다고 했습니다. 두 의견 모두 의미가 있지만 내용보다도 그 시기를 잘 맞추어야 합니다. 대개 부모는 자신의 어릴 적을 비추어 아이가 자신의 상황을 빨리 인지하면 할수록 좋다고 생각하지만 반드시 그런 것은 아닙니다. 특히 감정적으로 민감한 사춘기에 이제 아이도 다 알만큼 컸다고 생각해서 집안 경제상황을 투명하게 오픈하는 것은 아이의 정서상 도움이 되지 않을 수도 있습니다. 저는 남편에게 조금만 더 있다가 깊이 있는 이야기를 하는 게 좋겠다고 말했지요.

우리는 아들이 조금 클 때까지 최선을 다해 보살폈습니다. 평소에는 용돈을 주며 경제 교육을 시켰지만, 경험치가 필요한 일에 대해서는 돈에 연연하지 않고 최대한 다양한 선택지를 주려고 노력했습니다. 아들이 요구하는 것을 다 들어주었다는 뜻이 아니라, 할 수 있는 한 주변 친구들과 자신을 비교하며 상대적 박탈감을 느끼지 않도록 세심하게 배려한 것입니다. 그래서인지 국제학교를 다니면서도 아들은 자기가 다른 아이들과 별반 차이가 없는 환경에서 자라고 있다고 생각하는 것 같았습니다.

　아들이 고등학교 2학년이 되었을 때 우리 부부는 시기가 왔다고 생각했습니다. 아들을 불러서 상세히 이야기했지요. 우리 집 재산은 얼마이고, 지금 너의 교육에 들어가는 돈은 얼마이며, 엄마 아빠는 어떤 가치를 중요하게 생각하기에 앞으로 어떤 방향으로 삶을 설계해나갈 예정인지 알려주었습니다. 나아가 우리 부부가 그리고 있던 노후 대책도 이야기했습니다. 걱정과 달리 아들은 심플하고 편안하게 받아들였습니다. 당연히 부모님도 노후 대책을 해야 하고 자기에게 모든 것을 쏟아붓는다면 나중에 부담이 많이 된다는 것도 알고 있었습니다. 생각보다 말이 잘 통했습니다.

　우리는 고등학교 때까지 학비를 지원할 테니 대학교는 약간의 장학금을 받는 학교에 가는 것을 제안했습니다. 아들은 당연히 그럴 수 있으며 우리 부부의 제안이 바람직하다고 생각했습니다. 그러면서 한마디 덧붙였습니다. "엄마 아빠, 지금까지 저에게 두 분이 얼마나 헌신하고 잘해주셨는지 알고 있고 정말 고맙게 생각하고 있어요." 가슴이 찡했습니다.

너무 빠르면
자존감이 무너질 수도

너무 어린 초등학생이나 자아정체감을 형성해나가는 민감한 중학생 시기에 아이를 다 큰 성인이라고 생각하면서 과도하게 세세한 이야기를 하는 것은 좋지 않습니다. 아직은 미성숙한 청소년기라는 것을 부모들은 잊지 말아야 합니다. '우리 아이는 성숙하니까 충분히 받아들이겠지', '엄마 아빠가 이렇게 힘든데 고마움을 모르고 불평만 하니 상황을 알려주는 게 좋겠어'라는 마음으로 섣불리 행동해서는 안 됩니다. 사춘기는 나의 얼굴, 나의 환경, 나의 부모 등 모든 것이 제대로 보이지 않는 시기임을 명심하세요.

아이가 올바른 가치관과 경제관념을 갖도록 하기 위해서는 연령별로 교육 내용이 달라져야 합니다. 이때 경제교육과 가정경제 상황에 대한 인지는 별개의 문제입니다. 돈에 대한 감각을 키워준다고 아이의 자존감을 깎는 우를 범하지 않기를 바랍니다. 요즘은 경제관념이 있는 아이가 성공한다는 생각이 널리 퍼져 있어서 아이에게 가정경제 상황을 지나치게 투명하게 그리고 빨리 오픈하는 경향이 있어 우려스럽습니다.

부모가 듣고 자랐던 "나 때는 인마, 이런 음식 구경도 못했어", "저 녀석은 정신머리가 썩었어", "고생을 해봐야 정신을 차리지"와 같은 말은 이제부터 절대 사용하지 말아야 합니다. 지금 아이들의 환경과 부모가 어렸을 때의 환경은 천지 차이입니다. 모든 것을 정신력, 의지의 문제로 치환했던 시대는 지났다는 사실을 인지하는 것부터가 올바른 경제교육의 출발점이 됩니다.

부유한 집에서 태어난 아이도 있고 보통 수준의 경제력을 지닌 부모 밑에서 태어난 아이도 있습니다. 또한 좀 더 경제적 형편이 어려운 집에서 태어난 아이도 있습니다. 그렇다고 아이에게 미안해하거나 아이가 고마워하길 바라서는 안 됩니다. 살면서 명예를 중요하게 여기는 사람도 있고, 돈이 전부라고 생각하는 사람도 있듯이 인생을 사는 한 가지 차이일 뿐입니다. 저는 요즘 많이 쓰는 흙수저, 금수저라는 말이 싫습니다. 사춘기 아이들도 일상적으로 쓰는 이 말은 너무 일찍 타인과 자신의 경제상황을 비교하며 자존감을 무너지게 합니다.

아이에게 언제 가정 경제상황을 공개해야 할지에 대한 판단은 누구보다 부모 자신이 가장 잘 알 것입니다. 결국 집안의 경제사정을 알려주는 일은 아이에게 틀림이 아니라 다름에 대해 가르치고 나아가 자신의 상황을 온전히 받아들이고 성장할 수 있는 디딤돌을 만들어주는 계기가 될 것입니다.

엄마의 가르침이
달라져야 할 때

우리가 어릴 적에는 친구가 한번 떡볶이를 사면 다음엔 나도 한 번 사면서 우정을 다졌습니다. 학교 앞에서 사 먹는 간식은 소소한 행복이었습니다. 그런데 요즘 아이들을 보니 더치페이는 당연하고, 생일선물도 금액을 정해 요청하는 등 철저한 이해관계로 얽혀 있습니다. 그게 잘못되었다는 말이 아니라 달라진 시대만큼 이제는 달라진 부모의 가르침이 필요하다는 뜻입니다.

아들이 어느 날 잠도 못 자고 다른 친구의 숙제를 도와주었다고 했습니다. 저는 아들이 처음 말했을 때만 해도 아들이 잘하고 있다고 생각했습니다. 다른 사람을 돕다 보면 아들의 실력도 늘 테니, 좋은 게 좋은 거라고 여겼지요. 그런데 시간이 흐를수록 친구들은 아들에게 숙제를 대신해달라고 하는 것을 당연하게 여겼습니다. 아무런 대응도 못하고 당연하게 친구들의 숙제를 받아서 해주는 아들을 보면서 다른 사람을 돕고 봉사하고 살라고 했던 저의 가르침이 틀린 것인가 심히 고민되었습니다. 공동체적 관점에서 협동하는 것이 아니라 자기 이익을 위해 희생을 요구하는 행동에도 아들은 묵묵히 응하고 있었기 때문입니다.

사회생활의
기본기를 가르치자

부모들은 '아직 어리다'는 관점으로 중학생 아이들을 바라보지만 내막을 들여다보면 놀라운 경우가 많습니다. 몇몇 너무 빨리 철든 아이들 혹은 질이 나쁜 아이들의 이기적 행태라고 생각하지만 실상은 그렇지 않습니다.

요즘 시대는 부모들이 살았던 시대와 다릅니다. 부모는 "착하게 살아라", "다른 사람을 괴롭히면 안 된다", "정직하게 살아야 한다"라는 가르침을 받고 자랐지만, 지금은 그 말만 강조하기에 어려운 시대입니다. 이런 가르침을 받은 아이들은 부모의 말을 따르기 위해 어느 곳에서나 그렇게 살아야 한다고 생각하다가 정작 자신을 보호하지 못하는 상황에 놓이는 경우를 종종 보았습니다.

사춘기 아이들의 학교는 사회생활의 기초를 닦는 공간입니다.

사회를 축소해놓은 곳이지요. 사회에서 자기만의 희생을 강요받아서는 안 되듯, 학교생활에서도 적절한 선을 지키는 것이 중요합니다.

친구를 활용해 자신의 성적을 올리는 아이, 다른 사람의 희생을 강요하는 아이, 힘든 아이를 배려하지 않는 아이 등 다양한 아이들이 존재하는 상황을 부모가 인지하고 교육의 잣대를 다시 세워야 합니다. 무조건 착하고 바르게 살아야 한다는 가르침을 넘어 사회적 관계는 어떻게 맺어야 하는지 구체적으로 알려주어야 하는 것이지요. 아이가 매번 다른 아이들의 몫까지 돈을 내거나 친구의 심부름을 하는 모습을 보고 "착하다"라고 칭찬하거나 아무렇지도 않게 넘어가서는 안 됩니다. "아직 어린 얘들인데 벌써 그런 걸 가르쳐야 하나요? 아무래도 좀 내키지가 않아요"라고 말하는 엄마도 있을 것입니다. 과연 사회생활의 기본기는 언제 어떻게 가르치는 것이 옳을까요?

이런 것까지
가르쳐야 하나?

지금까지 부모들은 아이가 처한 상황은 고려하지 않고 교과서대로 교육해왔습니다. 그러나 친구들이 아이를 이용만 하려고 하는데 엄마가 다른 사람을 도와야 한다는 소리만 하면 바람직하지 않습니다. 부모의 가르침은 시대와 상황에 따라 변해야 합니다.

부모는 먼저 아이의 성향, 아이가 다니고 있는 학교, 주변 친구들을 잘 살필 필요가 있습니다. 누구나 의도가 있는 행동을 할 때가 있고, 이기적인 행동을 할 때도 있음을 알려주어야 합니다. 다른 사람에게 피해를 주지 않는 범위에서 자신의 것을 지키고, 자신이 필요한 것을 말해도 괜찮다고 말해주어야 합니다. 즉 어떤 상황에서도 적절한 대화로 스스로를 지키고 다른 사람과 원만히 지낼 수 있도록 가르쳐야 합니다.

모든 친구들과 잘 지내라고 말해서도 안 됩니다. 엄마의 말을 어기고 싶지 않아 자신에게 함부로 대하는 친구와도 사이좋게 지내는 아이의 모습을 보고 싶지 않으면 말이지요.

사춘기에 사회생활의 기본기를 쌓아놓지 않고 성인이 되면 독립적인 어른이 되기 어려울뿐더러 어른이 되어 감정적으로 매우 혼란스럽고 힘든 시기를 보내게 됩니다. 내가 상대를 존중하는 것은 기본이지만, 상대가 나를 존중하고 있는지도 면밀하게 살피도록 가르쳐주세요. '이런 것까지 가르쳐야 하나?' 하는 생각이 들 수도 있지만 어른에겐 당연한 일도 아이에게는 아직 익숙하지 않고 어려운 일입니다.

그다음에는 스스로를 소중하게 여기는 힘을 기르도록 해주세요. 자신을 귀하게 여기는 사람만이 다른 사람의 소중함도 아는 법입니다. 이것이 리더십의 근간임은 물론입니다.

아이가 친구나 선생님으로부터 상처받거나 관계에서 실패를 경험했을 때 다시 제자리로 돌아오는 힘인 회복탄력성이 잘 갖추어져 있는지도 체크해야 합니다. 무리한 상황적 요구나 스트레스에 부딪혔을 때 유연하게 반응하는 경향을 의미하는 회복탄력성은 사춘기 아이들의 행복감과 밀접한 관련이 있다는 연구결과가 많습니다. 즉 회복탄력성이 높은 아이일수록 자존감과 행복감도 높습니다.

최근 뉴스를 보면 집단 따돌림을 받고 삶을 포기하는 아이들이 늘고 있습니다. 누구에게도 말을 못하고 힘들었을 피해 아이의 마음을 떠올리면 가슴이 아픕니다. 사춘기는 아이가 어렸을 때 했던 교육에서 벗어나 새로운 교육을 해야 하는 시기입니다. 아이는 달라진 친구들과 상황으로 인해 힘들어하고 있는데 부모는 여전히 아이를 어리게만 보고 과거의 교육을 그대로 고수해서는 안 됩니다. 상대가 누구인지에 따라 나의 대처법도 달라져야 한다는 사실을 가르쳐야 합니다. 착한 아이보다 상황에 맞는 행동을 할 줄 아는 아이, 엄마의 가르침을 판에 박힌 대로 따르는 아이보다 자신의 생각을 믿고 상황에 따라 다르게 행동할 줄 아는 아이로 키워야 합니다. 그것이 사춘기의 강을 현명하게 건너는 방법입니다.

💬 이토록 다정한 **엄마의 말 연습**

X	너는 왜 엄마만 보면 짜증이야?
O	○○도 요즘 많이 힘들지? 엄마도 힘들지만 너를 기다려주고 인내하려고 해. 지금의 모습은 너의 모습이 아니니까. 호르몬의 변화로 몸과 마음이 힘든 이 시기를 잘 극복해보면 어떨까?

X	하, 쓸데없는 물건을 왜 또 샀어?
O	이 상자에 포카(포토카드) 넣으면 딱이겠는데? 이거 되게 구하기 어렵다고 하던데, 어디서 구한 거야?

X	너는 왜 질문 안 했어? 너 다 이해한 거야?
O	다른 사람은 네가 표현하지 않으면 알 수가 없어. 그래서 잘 모를 땐 '이게 어려워요'라든지 도움이 필요하면 '무엇이 필요해요'라고 표현할 수 있어야 해.

X	숙제 다했어? 이번 주 수요일에 단원평가 있다고 하지 않았니?
O	엄마는 우리 ○○가 스스로 잘 챙길 것을 믿고 있어. 엄마 마음이 불안하지만, 우리 ○○을 엄마는 끝까지 믿을 거야.

X	그 친구 아주 나쁜 애네. 앞으로 그 친구랑은 놀지 마.
O	○○가 나쁜 아이들랑 놀면 엄마는 불안하고 걱정이 돼. 사람들은 주변에 어떤 사람이 있는지에 따라 많은 영향을 받기도 해. 좋은 영향을 받지 못한다고 생각되면 다른 좋은 친구를 만나는 건 어떨까? 엄마도 ○○를 믿고 기다릴게.

3장

달라진 몸에 대해
터놓고 이야기하기

사춘기의 외모와 성

갑자기 스킨십과
몸 장난을 싫어한다면

사춘기 아이들은 자기 몸을 만지는 것을 싫어합니다. 머리 쓰다
듬기, 스킨십 등 그동안 해왔던 애정 표현을 불편해하는 시기입
니다. 머리가 흐트러진다거나 어린아이 취급을 하는 것 같다는
이유로 불쾌함을 표현하지요. 이때 부모는 서운해하기보다 아이
의 몸에서 2차 성장이 일어나고 있음을 감지하면 됩니다.

사춘기는 인생에서 가장 변화가 많은 시기입니다. 변화는 맨
눈으로도 확연히 관찰할 수 있지요. 여자는 난소에서 에스트로겐
의 분비가 점차 많아지면서 가슴과 하체가 발달합니다. 남자는
고환에서 테스토스테론을 분비함으로써 턱수염이 자라납니다.

아이마다 사춘기가 시작되는 시기도 천차만별입니다. 보통 남
자아이의 신체 변화는 여자아이보다 1~2년 정도 늦게 나타납

니다. 사춘기가 빨리 오는 아이도 있고 늦게 오는 아이도 있는데 이러한 현상을 문제로 볼 게 아니라 개별적 특성으로 이해해야 합니다. 특히 사춘기 신체 발달은 부모에게 받은 유전적인 요인도 함께 고려해야 합니다. 부모의 키, 엄마가 초경을 시작한 시기 등이 영향을 미칩니다.

사춘기가 시작되면 여자아이, 남자아이 할 거 없이 모두 외모에 깊은 관심이 생깁니다. 남자아이는 어깨 크기를 통해 자신의 힘을 과시하려고 하지요. 공통된 사춘기 외모 발달의 특징으로는 아래턱이 발달한다는 것입니다. 얼굴형이 달라지기에 아이들은 뚜렷한 변화를 느낍니다.

아이에게는 신체의 변화를 명확하고 구체적인 용어로 알려주는 것이 좋습니다. 아무런 정보가 없이 달라진 몸을 바라보는 아이의 심정을 생각해보세요. 얼마나 무섭고 두려울까요? 외모뿐 아니라 성기 변화에 대해 편안하고 자연스러운 분위기에서 이야기해야 합니다. 꼭 엄마가 이야기할 필요는 없습니다. 부모 중 누구든 더 편안하게 대화를 나눌 수 있는 사람이 하면 됩니다.

몸의 변화를
구체적인 용어로 알려주기

남자아이의 경우 고환이 자라면서 음낭의 피부색이 검어집니다.

크기가 커지면서 몸에서 늘어져 처지는 특징이 나타나기도 합니다. 고환은 한쪽이 다른 한쪽의 크기보다 작다는(낮게 있다는) 사실도 알려주어야 몸의 변화를 문제로 받아들이지 않습니다. 사춘기 때는 친구들끼리 음경 크기를 자랑하기도 하고, 크기가 작은 친구를 놀리기도 하면서 자연스럽게 성기의 힘을 자랑합니다. 모두가 같은 속도로 성장하는 것이 아니기에 다른 친구에 대한 배려도 필요하다는 것을 가르쳐야 합니다.

13~18세 사이에 음경은 성인의 성기 크기와 비슷한 크기와 길이로 변화됩니다. 그러나 성적 기능과 음경의 크기가 비례하지는 않습니다. 아빠와 함께 목욕탕에 가서 대화를 통해 성적 상식에 대해 알려주는 것도 좋습니다. 고환이 커진 뒤 1년 후부터는 수정까지 가능해지므로 이성 친구와의 관계에서 주의해야 할 점도 알려주어야 합니다. 자신의 성기를 만지거나 쓰다듬어 기분을 좋게 하는 자위 행동은 영아기 때부터 있었던 자연스러운 현상임을 부모도 의식하고 유난스럽게 반응하지 않도록 합니다.

첫 사정의 경우 자위를 통해 의식적으로 일어나기도 하지만 무의식적인 몽정으로 나타나기도 합니다. 몽정을 한 아이는 잠옷과 침대가 젖어 있어 당황하는 경우가 많기에, 부모는 여자의 초경처럼 남자의 몽정도 축하를 받아야 하는 일이라는 것을 미리 알려주어야 합니다. 어른이 되었다는 의미로의 축하라고 말하기보다는 진정한 남성성이 나타났다는 의미에서의 축하라고 말해주는 편이 좋습니다.

아직 완전히 성장하지 않은 아이에게 '어른'이라는 표현이 부담감으로 다가갈 수 있고, 실제로 아직은 부모의 보호를 받아야 하는 나이이기에 혹시나 발생할 수 있는 방임적 행동도 막을 수 있습니다. 그렇다고 해서 아이의 젖은 잠옷과 침대를 보면 무조건 몽정을 축하해주어야 한다는 공식으로 받아들여 케이크를 준비하고 꽃을 주는 등의 행동은 하지 않았으면 합니다. 평소 아이와의 긴밀한 대화를 해왔다면 괜찮지만 그렇지 않은 관계에서 어색한 축하는 아이에게 부담으로 다가갑니다.

'어른'이 되었음을
축하해선 안 된다

여자아이의 경우 초경 전까지 키가 급격히 자라며 몸무게도 많이 늘어납니다. 그리고 사춘기 이후에는 2~3센티미터 정도밖에 자라지 않을 정도로 성장이 느려집니다. 여자아이는 8~14세에 사춘기가 찾아오는데 평균적으로 11.5세면 사춘기가 찾아온다고 봅니다. 특히 여자아이의 경우 유방이 발달합니다. 통상적으로 10세쯤이면 젖꼭지 안쪽에 멍울이 잡히기 시작합니다. 이때 부모는 가슴이 나왔다고 아이의 의사와 상관없이 무조건 속 티셔츠나 브래지어를 입도록 강요해서는 안 됩니다. 학교에 입고 가는 것을 부끄럽게 여길 수도 있고 불편하게 여길 수도 있으니 아이의 의사에 맞추어 천천히 착용할 수 있도록 해주세요. 사춘기 전 통통한 여자아이에게서 나타나는 유방은 단순한 지방 조직임을 알려주는 것도 좋습니다.

초경을 하는 시기는 유방의 발달이 시작되고 1년 반에서 3년이 지난 후입니다. 때문에 아이 가슴의 변화가 오면 미리 월경에 대한 이야기를 나누는 것이 좋습니다. 대개 초경의 시기는 부모나 형제가 초경을 시작한 나이와 비슷하게 시작되지만, 아이의 성장 발달에 따라 다를 수도 있습니다. 엄마와 이야기를 나누며 자연스럽게 생리대 사용 방법을 익히도록 하세요. 월경 초기에는 통증은 크게 없지만, 주기는 매우 불규칙할 수 있다는 것을 알려주고 이상하고 무서운 일이 아님도 알려주어야 합니다. 사춘기 동안 일어나는 신체적 변화는 완전한 성인이 되면서 멈출 것이고 아직은 성인이 되어가는 과정임을 인지하게 해주세요. 또한 사춘기에 경험하는 성장은 모든 사람들에게 자연스럽게 일어나는 일임을 알려주세요.

부모는 아이에게 몸의 변화에 대해 너무 세세하게 물어본다든지, 이성 친구에 대한 생각을 직접적으로 질문한다든지, 아이가 말하고 싶어 하지 않는 부분에 대해 지속적인 질문을 던지지 말아야 합니다. 가급적 예민한 주제를 피하고 사춘기 아이의 기분과 감정을 잘 살피는 것이 중요합니다. 이것은 아이의 평생 동안 부모가 아이에게 베풀 수 있는 최고의 관용입니다.

여드름과
앞머리에 대한 고찰

사춘기에 아이가 가장 신경 쓰는 것은 외모입니다. 호르몬의 변화와 성장으로 인해 신체 변화가 크기에 자기 얼굴과 목소리에 관심이 지대해지지요. 동시에 갑자기 달라진 몸으로 인해 자신감이 부족해져서 자신의 좋은 모습, 멋진 모습을 보여주고 싶다는 마음이 큽니다. 실제로 많은 아이들이 SNS 등에서 본 옷, 머리, 스타일을 따라 하고 싶어 합니다. 그럴 수 있지요. 그런데 왜 사춘기 아이는 머리카락 흐트러진 것 하나에도 예민하게 구는 걸까요?

부모는 사사로운 문제라고 생각하지만 아이는 얼굴에 난 여드름, 흐트러진 앞머리가 당장 무척 중요합니다. 사춘기에 외모에 크게 신경 쓰는 이유는 뇌의 후두엽 발달과 연관이 있습니다. 후두엽은 눈으로 들어온 정보를 해석하는 시각중추기능을 하는 뇌의 한 부분으로, 사춘기는 후두엽이 특히 발달합니다. 때문에 후두엽이 발달하는 기간 동안 시각적인 것에 민감하게 반응하고 이에 따라 감정의 기복도 심한 것이지요. 부모나 친구들이 자신을 대하는 사소한 태도에도 크게 반응하고 갑자기 화를 내기도 합니다.

시각중추기능을 담당하는
후두엽이 발달하는 시기

아들은 사춘기가 되자 아빠의 지루성 피부를 닮아 여드름이 얼굴에 많이 나기 시작했습니다. 여드름이 볼 전체에 올라오자 아들은 짜증이 심해졌지요. 아들을 데리고 피부과에 갔습니다. 여드름은 피부과에 가면 압출을 가장 먼저 합니다. 여드름 압출은 통증이 상당한데, 아들은 그 통증에 대해 민감하게 반응했습니다. 아빠 피부 때문에 얼굴이 이렇다, 알지도 못하면서 참으라고 한다 등 사실 저는 옆에서 별 이야기도 안 했는데 저에게 계속 화를 내는 게 아닌가요. 아들은 이런 고통을 받아야 하는 이유가 모두 부모의 유전자 때문이라고 생각하는 것 같았습니다.

아들은 매일 꼼꼼이 세수를 하고 로션과 연고를 바르는 등 공부를 하는 시간보다 피부에 신경을 쓰는 시간이 더 많아졌습니다. 어느 날 아들이 이렇게 말했습니다. "아무래도 밀가루 음식을 먹지 말아야겠어요. 이 상태로는 도저히 여드름을 치료할 수 없을 것 같아요." 저는 속으로 매우 놀랐습니다. 밀가루를 끊는 것은 어른에게도 쉽지 않은 일이었으니까요. 아들은 그 후 결심을 지켜 2년 동안 밀가루 음식을 정말로 전혀 먹지 않았습니다. 그 정도로 여드름은 아들의 인생에서 중대한 사안이었던 것이지요.

신기하게도 밀가루 음식을 먹지 않으니 아들의 여드름은 차츰 가라앉았습니다. 힘들게 밀가루 음식을 참는 아들을 보며 저는 "너무 장하다, 얼마나 힘드니?", "밀가루를 대신할 재료를 써서 뭘 만들어줄까?" 하면서 무조건 아들의 입장에서 생각했습니다. 점차 아들의 여드름은 좋아졌고 아들의 태도도 서서히 변화되었습니다. 나중에 아들은 이렇게 말했습니다. "엄마가 그때 저를 공감해줘서 고마웠어요."

아이를 멀어지게 만드는
엄마의 말

외모에만 신경 쓰는 아이를 볼 때 부모는 이유를 모르니 답답한 마음이 듭니다. 해야 할 일을 하기에도 시간이 부족한데 쓸데없는 것에만 신경을 쓴다고 한심해하기도 합니다. 그럴 시간에 공부를 하지 딴생각만 한다고 핀잔을 주기도 하지요. 이제는 방법을 바꿔보세요. 사춘기 아이에게 필요한 것은 첫째도 공감, 둘째도 공감입니다. "엄마도 그랬어. 얼굴 때문에 아주 속상하지?", "엄마가 도와줄 수 있는 거 있니?", "그렇게까지 마음이 쓰였던 거구나"라고 말하며 대화해야 합니다. 이렇게 아이의 마음을 읽어주다 보면 어두웠던 아이의 얼굴에 어느새 미소가 피어날 것입니다.

가장 하지 말아야 할 말은 "그럴 시간에 공부를 해야지", "그런 정성으로 공부를 하면 1등 하고도 남겠다", "학생이 무슨 염색이야", "학생이 무슨 화장이야"처럼 단정 짓고 규정하는 말입니다. 학생의 신분을 강조하고 규율만 이야기하다 보면 아이는 반발심이 생기고 자신이 하고자 하는 것을 더 고수합니다. 오히려 부모가 학창 시절에는 누구나 그럴 수 있다고 아이의 마음을 공감해주고 행동을 인정해주면 외모에 대한 지나친 관심은 점차 자연스럽게 사그라듭니다.

아이를 존중하는 마음은 아이와의 거리를 좁히는 핵심입니다. 부모가 하고 싶은 말을 먼저 하느냐, 아이가 듣고 싶은 말을 먼저 하느냐에 따라 관계의 친밀도는 달라집니다. 먼저 아이의 행동을 존중해서 관계를 탄탄히 하고 난 뒤에 부모의 생각을 전달하는 것이 좋습니다. 외모도 중요하지만 내면의 아름다움과 스스로를 사랑하는 마음이 한 사람의 분위기와 얼굴을 만든다는 사실을 이야기해주세요. "○○가 내면을 채워나가기 위해 노력하는 걸 엄마는 봤어. 보이는 것도 중요하지만 더 중요한 건 자기를 사랑하고 가치 있게 만들어가는 일이야"라고 말해보세요.

요즘 부모들은 '친구 같은 관계'라는 말 아래 부모의 감정을 지나치게 솔직하게 드러내거나 감정을 양보하지 않는 경우도 종종 보았습니다. 그러나 부모는 언제나 먼저 양보하고 먼저 존중하는 사람이어야 합니다. 부모가 자신을 알아주고 믿어주고 이해해준다고 생각하면 아이는 부드러워질 수밖에 없습니다. "○○는 너무 괜찮은 아이야", "○○는 사실 이런 점이 장점이야", "○○는 자세히 보면 이런 따뜻한 성격을 가지고 있어서 다른 사람에게 도움이 될 거야"라고 말해보세요.

부모로부터 인정받고 자란 아이는 사춘기를 지나며 자존감이 높아지고 스스로를 사랑하는 사람으로 성장합니다. 부모로부터 받은 인정이 세상 밖의 거친 시련을 견디는 힘이 되는 것이지요. 부모가 자기를 믿고 있다는 사실만으로도 아이는 사춘기를 넘어가는 지름길을 제대로 찾습니다.

아이와 이성에 대해
이야기하는 법

사춘기는 남성성과 여성성이 급격하게 표현되는 시기입니다. 변화되는 신체를 쑥스럽게 느끼는 아이도 있고, 낯설고 익숙하지 않아서 잘 받아들이지 못하는 아이도 있습니다. 신체 변화와 더불어 이성에 대한 호기심이 많이 생기는 시기이기도 하지요.

  부모는 자신의 사춘기 경험에만 비추어 아이를 바라보아서는 안 됩니다. 변화된 몸을 받아들이지 못하는 아이부터 이성에 대한 관심이 지극한 아이까지 다양한 반응은 모두 자연스러운 범주입니다. 아이가 이성에 대해 관심을 보일 때에는 엄격하게 통제하거나 장난치거나 놀리는 말을 하며 웃어 넘기는 것이 아니라 편안하게 받아들이며 대수롭지 않게 대화를 나누는 것이 좋습니다. 부모가 엄격하게 할수록 아이는 속마음을 숨깁니다. "학생이 공부는 안 하고 무슨 연애야"라는 말은 아이를 힘들게 합니다. 부모가 통제한다고 마음이 사라지지 않으니 몰래 행동하게 되면서 문제도 생깁니다.

편안하고 자연스럽게
받아들일수록 좋다

아들이 처음 이성에 관심을 보인 것은 일본의 한 배우를 좋아하면서부터입니다. 아들은 중학교 1학년이 되면서 예쁘고 가냘픈 여배우의 사진을 책상에 붙여놓았고, 여배우가 나오는 드라마에 빠졌습니다. 걱정이 되어 노심초사하는 마음으로 아들에게 말을 걸었습니다. 왜 그 여배우가 좋은지, 어떤 부분이 좋은지 물어보았습니다. 처음에 아들은 제가 자길 이해하지 못할 거라고 생각했는지 방어적인 태도였습니다. 하지만 차츰 이야기를 나누며 "여배우가 참 예쁘게 생겼네", "엄마가 보기에도 좋아 보인다"라고 말하자 아들의 표정이 환해졌습니다.

사실은 여배우에 관심은커녕 이름을 들어도 자꾸 까먹을 정도였고 아들이 하는 말도 외계어처럼 들려 이해가 되지 않았습니다. 그래도 먼저 공감의 말을 건넨 것이지요. 아들이 잡지나 신문에서 연예인 사진을 찾아 오려놓으면 액자를 사서 가져다주며 사진을 넣어두게도 했습니다. 아들은 자기가 좋아하는 배우의 사진을 액자에 넣으면서 엄마에게 이해받고 있다고 느끼는 듯했습니다.

언젠가는 그 여배우가 나온 프로그램을 SNS로 하루 종일 보고 있는 날이 있었습니다. '괜히 저러다 공부를 안 하면 어떡하지?', '너무 이성에 대한 관심이 많이 생기면 어쩌지?'라는 생각이 몰려왔습니다. 하고 싶은 말을 꾹 참고 아들에게 "재미있어?" 하고 말을 걸었습니다. 아들은 프로그램이 너무 재미있고 웃겨서 행복하다고 말했습니다.

너무나 밝게 웃는 아들을 보며 생각해보니 저도 어릴 적에 가수를 좋아했고 젊은 남자 선생님을 좋아했었습니다. 시대가 바뀌면서 좋아하는 마음을 드러내는 형태나 방법이 바뀌었을 뿐이었습니다. 제 어린 시절을 떠올리며 아들과 이야기를 나누었더니 아들은 술술 이야기를 풀어냈습니다. 아들은 외모뿐 아니라 생각보다 다양한 관점으로 여배우를 바라보고 있었습니다. 프로그램을 통해 보여진 여배우의 가치관, 풍부한 상식과 시사적인 면모가 매력적이라고 말했습니다. 이야기를 나누다 보니 어느덧 저도 그 배우에 대해 관심이 생겼고 생각보다 배울 점이 많은 사람이라고 느껴졌습니다.

그즈음 아들과 배우에 관한 이야기를 여러 번 나누다 보니 아들이 일본어를 배우고 싶어 한다는 사실도 알게 되었습니다. 여배우가 나오는 프로그램을 더 잘 이해하기 위해서였지요. 영어 학습에 시간을 더 들이는 것이 낫지 않나 하는 생각이 들지 않은 건 아니지만, 아이가 하는 것을 지지해준다는 마음으로 일본어 학원을 끊어주었습니다. 아들은 기쁘게 학원에 다니며 일본어 실력도 나날이 늘었습니다.

주의는 시키되
무조건 통제는 금물

이성 친구나 이성 연예인에 대해 관심을 보일 때 지나치게 당황할 필요가 없습니다. 마치 부모가 사춘기로 돌아간 것처럼 아이와 행복하게 이야기를 나누어보세요. 물론 부모 입장에서는 여유롭게 아이와 이야기를 나누기가 쉽지 않을 수 있습니다. 아직 어려서 안 된다고 생각하기도 하고 공부에 방해될까 봐 걱정하기도 하지요. 그러나 외부 환경에 아이가 노출되는 것을 막기만 할 수는 없습니다. 스스로 절제하고 조절하는 방법을 가르쳐주고 외부로부터 자신을 지킬 힘을 길러주는 것이 부모의 역할입니다.

이성 친구에 대한 관심은 사춘기의 자연스러운 징표라고 생각하는 것이 좋습니다. 무조건 혼내거나 나무라면 부모 자녀 관계에 금이 가고 아이는 부모를 신뢰하지 못하는 상황이 발생할 수도 있지요. 어린 나이인 만큼 혹시나 심각한 상황이 발생하지 않도록 주의시키되 열린 마음으로 아이가 이성 친구를 만나게 해주는 것이 가장 좋습니다. 다만 해야 할 일을 소홀히 하지 않는다는 다짐을 받고, 만나는 시간이나 장소는 부모에게 알리도록 약속하는 게 좋습니다. "엄마는 ○○가 아직은 학생이라서 걱정이 되는 부분도 있으니까 항상 이야기를 해주면 좋겠어", "엄마도 어릴 때 그런 마음이 든 적이 있었어. 하지만 이성 친구와 지나치게 가까이 있다 보면 공부에 영향을 받는 친구들도 봤어", "친구로서 서로 예의를 갖추고 가끔 선물을 주고받거나 놀이공원에 가는 정도는 괜찮은 거 같아. 함께 공부하고 서로 발전할 수 있게 도와주는 친구가 된다면 더 바람직한 사이가 되겠지"라고 말해보세요.

사춘기 아이들은 성공보다 실패의 경험이 많고, 자유보다는 책임을 따라야 하는 경우가 많습니다. 더욱이 우리나라 입시 교육 제도는 많은 양의 학습을 강제해 스트레스를 가중시키지요. 아이들은 돌파구의 하나로 이성 친구에 관심을 보이기도 합니다. 때문에 자신의 상황에 대해 아무도 알아주지 않는 심적 외로움으로 이성 친구를 만나는 것인지, 정말 그 친구를 좋아해서 만나는 것인지 등도 살펴볼 필요가 있습니다.

이성 친구를 만난다고 해서 색안경만 끼고 바라볼 것은 아닙니다. 다만 좋은 마음을 가지고 함께 성장하고 더 나은 모습으로 발전할 수 있는 계기로 만들어야 할 테지요.

이성 교제,
허락할까요? 말까요?

최근 TV에서 고등학생이 이성 교제를 한 후 아이를 낳고 사는 현실을 보여주는 〈고딩엄빠〉라는 프로그램을 보았습니다. 사춘기 아들을 키우는 엄마로서 남의 일 같지가 않았지요. 누군가는 해당 프로그램을 15세 이상 관람 가능 등급으로 해서 청소년이 시청할 수 있게 하는 것 자체가 바람직하지 않다고 이의를 제기하기도 합니다. 또 누군가는 TV 속 주인공을 보면서 부모의 속이 얼마나 탈까 하면서 한숨을 쉬기도 합니다.

사춘기는 2차 성징은 나타났지만 엄연히 아직 어른은 아닙니다. 원하는 대로 행동하는 자유를 얻으려면 책임이 따른다는 사실을 명확히 인지하지 못하는 시기이지요. 또한 인지하고 있더라도 흔히 말하는 경제적 책임을 질 수 없는 나이이기도 합니다.

사춘기 아이들은 자유를 갈구하지만 그에 따른 책임을 이해하는 데는 시간이 걸리는 편입니다. 그저 부모가 자신을, 자신이 하는 일을 믿지 못하기에 무조건 반대한다고 착각하는 것이지요. 자기 생각이 정당하고 자기가 하는 일이 옳다고 생각하는 경향이 있기에 부모가 제재를 가할수록 아이는 강하게 주장을 어필하고 방법을 찾으려고 합니다.

아들의
여자친구 이야기

아들은 중학생 때는 일본 여배우를 좋아하더니 고등학생이 되더니 친구들도 다 여자친구가 있으니 자기도 여자친구를 사귀어야겠다고 선언했습니다. 심지어 저와 함께 나들이를 갔다가 마주친 타로카페에서 여자친구가 언제 생기는지를 묻고 싶어 했지요. 타로카페 주인은 아들에게 그해 가을에 분명히 여자친구가 생긴다고 했습니다. 신이 난 아들은 다른 곳에서도 똑같이 이야기하는지 다시 한번 보자고 하더군요.

 속으로는 '얘가 이러다가 공부 안 하고 여자친구 생각만 하면 어쩌지?' 하는 생각이 굴뚝 같았지만 끝까지 믿어주는 모습을 아들에게 보여줄 수 있도록 다른 타로카페에 갔습니다. 그런데 다른 곳도 똑같이 말하는 게 아니겠어요? 사실 타로카페에 돈을 쓰면서 장래에 대한 질문이 아닌 여자친구가 언제 생기는지 묻는 게 저는 내심 탐탁지는 않았습니다. 하지만 저는 그저 지켜보기만 했지요. 그 후 아들에게 실제로 여자친구가 생겼는지 아닌지도 궁금했지만 짐짓 모른 척하고 있었습니다.

시간이 지나자 아들은 스스로 입을 열었습니다. 같은 학교 한 학년 어린 후배 여자아이가 사귀자고 했다고 하더군요. 자기를 좋아해주니 잠깐 사귀었는데 금방 헤어졌다고 했습니다. 자기는 할 일이 너무 많은데 동생이라 그런지 "오빠 이거 해줘. 저거 해줘" 하면서 너무 귀찮게 했다는 것입니다. 저는 그동안 무척 궁금했던 소식이지만 태연하게 반응했습니다. "음, 그랬구나" 하면서 마치 관심이 별로 없는 듯 말했지요. 관심을 지나치게 보이지도 않고 부정적인 언어도 전혀 사용하지 않으니 아들은 이야기를 자연스럽게 더 꺼냈습니다. 그 여자아이의 성격은 어떤지, 자기와 어떤 점은 맞고 맞지 않았는지 등 물어보지도 않은 이야기를 술술 했습니다.

놀랍게도 여기서 끝이 아니었습니다. 그 여자아이에게 헤어지자고 말하고 났더니, 같은 학년 여자아이가 아들의 농구하는 모습이 너무 멋지다며 사귀자고 했다는 것입니다. 인내심이 필요했습니다. 저는 놀라는 기색 없이 아들이 하는 다양한 이야기를 묵묵히 들어주었고, 여기에 덧붙여 여자들의 특성이나 마음도 말해주었습니다. 이때는 부모의 의도가 다 보이게 말하지 않도록 조심해야 합니다. 그 후 아들은 편안하게 자신의 의견도 이야기했고 저 역시 자연스럽게 들어주며 그 시기를 지나갔습니다.

잘못된 이성 교제의
현실을 명확하게 알려주기

사춘기 엄마에게 아이의 이성 교제 고민은 비일비재한 일입니다. 한번은 아이의 이성 교제를 말려야 하는지 지켜봐야 하는지 모르겠다는 엄마와 상담을 한 적이 있습니다. 딸이 남녀공학 중학교를 다니다 보니 같은 반 남자아이를 사귀기 시작했는데 엄마가 볼 때 이 남자아이가 별로라는 것이었습니다. 남자아이는 순진한 척하지만 자기 잘못을 다른 사람의 것으로 꾸며서 이야기를 하곤 하는 아이라고 했습니다.

저는 일단 엄마가 옆에서 함께 다니는 것을 추천했습니다. 아이들이 어딘가에 간다고 할 때 차로 태워다주면서 부모가 항상 지켜보고 있다는 사실을 알려주는 것이 중요합니다. 부모가 옆에 있다 보면 이성 친구라도 손을 잡고 서로의 몸을 만지는 행동을 자제하게 됩니다. 자연스럽게 아직 학생이라는 사실을 인지하게 되고 본분에 충실하도록 이끌 수 있습니다. 같이 밥도 먹고, 놀이공원도 데려다주며 친하게 지내면서 부모가 항상 관심을 두고 있다는 것을 알게 하는 것이 미연의 사고를 방지할 수 있습니다.

요즘 시대의 아이들은 SNS 등 다양한 매체를 통해 부모의 생각보다 빠르게 어른의 문화를 경험합니다. 이야기하기가 껄끄럽고 불편하다고 해서 '알아서 하겠지'라는 안일한 생각으로 넘어가서는 안 되는 이유입니다. 자연스럽게 현실을 명확하게 이해시켜주는 것이 바람직합니다. "이성 교제를 허락할까요? 말까요?"라는 질문보다 우선해야 할 것은 아이가 지금 처한 자신의 위치를 제대로 파악하도록 돕는 일입니다.

아이가 이성 친구 이야기를 꺼낼 때 버럭 화를 내거나 몇 살까지는 절대 불가라며 무작정 통제해서는 곤란합니다. 우선은 놀라지 않고 태연하게 반응하는 것이 중요합니다. 친구끼리 당연히 만날 수 있고 이야기를 나누거나 공부할 수 있다고 말하며 자연스럽게 이야기를 나누는 것이 중요합니다. 아이 스스로 나쁜 일을 하는 것이 아니라고 생각하게 만들어야 합니다. 다만 남자와 여자의 차이와 성장하는 시기에 발생할 수 있는 일과 그 후의 문제점에 대해서는 분명하게 일깨워주는 것이 좋습니다. 처음부터 아이의 말을 막거나 부정적인 이야기를 많이 하면 반감을 사기 십상입니다. 아이는 자신을 믿지 못하는 부모를 탓하고 무슨 일이 생겨도 숨기려고 할 것입니다.

이런 대화가 자연스럽게 되려면 이성 관계에 대한 이야기와 성교육은 빠를수록 좋습니다. 아이가 어느 정도 성장한 고등학생 때 알려주는 것보다 초등학생 때부터 이성 간 차이점, 자유와 책임, 신뢰와 믿음에 대해 알고 있어야 아이에게 건강한 이성관이 생깁니다. 뿐만 아니라 자신의 문제를 부모에게 툭 털어놓고 말할 수 있습니다.

평소에도 자연스럽게 엄마는 옛날에 이런 남자 스타일을 좋아했다는 말을 하거나, 아빠는 학교 때 이런 여자 스타일을 좋아했다는 말을 하면서 이성 이야기를 하는 것이 어려운 일이 아니도록 만들어야 합니다. 성인이 되어 결혼을 생각하면서부터는 또 다른 관점에서 이성을 바라보게 되었다는 이야기까지 나누세요. 너무 이른 것 같다며 거북해하는 부모도 있지만 생각보다 아이들은 게임이나 SNS 등 다양한 매체와 환경에 노출되어 이에 대한 배경지식이 충분한 상황이란 점을 잊지 마세요. 집 안에서 성에 대해 자연스럽게 이야기할수록 사춘기 시절 이성 친구 문제에서 자유로울 수 있습니다.

아이의 '야동 검색 기록'을
발견했을 때

요즘은 미디어 노출이 많아서 아이가 보는 어떠한 영상도 충분히 제재하기가 어렵습니다. 야한 동영상은 주로 남자아이들이 본다고 생각하지만, 꼭 그런 건 아닙니다. 아이 성향에 따라 다르지요.

SNS를 너무 많이 보는 아이를 보호하고자 핸드폰을 압수해도 영상에 노출될 경로는 다양하게 존재합니다. 물론 핸드폰을 압수하거나 조건을 걸고 사용하게 하거나 시간을 제한하는 등의 방법이 짧게는 효과가 있는 것처럼 보입니다. 하지만 장기적으로 봤을 때 아이 교육에 효과를 가져다주지는 않습니다. 그렇다면 미디어 노출을 피할 수 없는 지금의 현실 속에서 부모는 어떻게 아이를 가르쳐야 할까요?

첫 번째는 부모가 자신이 자랐던 시대와 현재의 차이를 인정해야 합니다. 부모가 어렸을 때는 궁금하면 백과사전을 펼쳤고, 심심하면 책을 보거나 밖에 나가서 친구들과 뛰어놀았습니다. 지금은 그런 관점을 아이에게 무조건 대입할 수 없습니다. 무언가가 궁금하면 유튜브 동영상을 검색하는 시대입니다. 심심하다고 밖에 나가도 아이들은 대부분 학원에 가 있지요.

어쩌면 아이들도 핸드폰에서 자유롭고 싶을지도 모릅니다. 하지만 모든 대화나 소통이 핸드폰이 없으면 불가능한 시대입니다. 심지어 학교 수업이나 숙제도 핸드폰을 활용해야 하는 경우가 다반사이지요. 무엇을 보는지 들어보지도 않고 "너 또 핸드폰이야?"라며 화를 내면 아이는 부모가 자기를 믿어주지 않는다고 생각해버립니다. "어차피 내 말은 안 믿어주잖아"라고 말대답을 한다든지, 다른 말로 둘러대기도 합니다. 아이가 적절하고 합당한 이유를 대면 부모는 핸드폰 보는 행위를 인정할 수 있어야 합니다.

한편 부모는 아이의 핸드폰 비밀번호나 패턴을 알고 싶어 합니다. 아직 아이이고 잘못 이용하면 큰돈이 결제되거나 질 나쁜 동영상에 노출될 수 있어 핸드폰을 어떻게 사용하는지 알아야 한다고 생각하지요. 바르지 않은 언행으로 친구들과 대화하지는 않는지, 친구들 사이에서 왕따는 아닌지 모든 것이 걱정스럽습니다. 하지만 아이의 입장은 다릅니다. 자기를 믿지 못하기 때문에 지속해서 감시하고 사생활까지 침해한다고 생각합니다. 아이가 핸드폰을 보여주지 않으려고 할 때는 나쁜 행동을 해서 숨기는 게 아니라 자신을 드러내길 부끄러워하고 자신감 없어하는 사춘기 특성이라고 이해하는 게 좋습니다.

창피 주거나
죄책감을 느끼게 하지 말기

엄마가 아이의 핸드폰을 보는데 야동을 검색한 기록이 있습니다. 놀란 엄마는 아빠한테 전화를 걸어 "자기가 애한테 뭐라고 말 좀 해봐"라면서 일임하거나 아이에게 직접적으로 "너 혹시 야한 동영상 봤어? 이런 거 막 보면 안 되는 거야"라고 말하기도 합니다. 그러나 좀 더 자연스러운 반응이 필요하지요. 불안할수록 지혜롭게 넘기는 부모의 자세가 필요합니다.

사춘기 아이가 야동을 보는 것은 매우 자연스러운 일입니다. 부모는 아이의 성적 지식이 낮은 수준이라고 여기기 때문에 호기심이나 궁금증을 해결하기 위해 야동을 봤다고 생각합니다. 하지만 실제 사춘기 아이들을 만나 보면 부모나 교사가 생각하는 것보다 훨씬 섬세한 수준으로 성적 지식이 갖추어져 있습니다. 대개 보통의 아이들은 야동을 보고 싶어 합니다. 그들만의 공간에서 소외되고 싶지 않고 어울려 이야기하고 싶기 때문이지요.

아이가 야동을 본다는 것을 알았을 때 부모는 아이에게 큰일이 아닌 듯 자연스럽게 누구나 그 시기를 지나간다는 말로 믿음을 표현해야 합니다. "아빠도 중학생 때 그랬어"라고 말하며 아이에게만 있는 특별한 일이 아님을 이해시키세요. 다만 교육해야 한다는 생각에 지나치게 간섭하지는 않아야 합니다. 아이가 당황하기도 하고 부모와 서먹서먹한 관계가 될 수도 있습니다. 또는 "벌써 다 컸다고 이런 거 보는 거야?"라며 장난쳐서 아이를 창피하게 만들거나 죄책감을 지니게 하지 마세요.

부모가 반드시 살펴야 할 것은 비용을 지불하는 19금 이상의 시청물을 보지 않는지입니다. 대부분 19금 이상의 동영상은 청소년의 핸드폰에서 막혀 있을 테니 아이가 시청하기에는 어렵지만 혹시 모를 일을 방지하기 위해 평소 주의 깊게 확인해야 합니다.

교사들도 변화된 환경에 맞게 변화된 성교육을 해야 합니다. 외국에서는 실제 사람 몸의 재질과 비슷하게 만든 모형을 두고 초등학교 저학년 때부터 성교육을 실시합니다. 성기, 임신, 배란 그리고 피임하는 방법 등을 알려주어야 합니다. 성을 환상적이고 성스러운 일로 만들기보다 출산의 고통에 대해 먼저 이야기해주는 것도 좋은 방법입니다.

달라진 사회 속에서 성에 대한 아이들의 관념도 수문이 열리듯 빠르게 열리고 있는데, 교사나 부모는 아직 그 환경조차 인식하지 못하는 경우가 많아 안타깝습니다. 부모는 변화된 환경을 인정하고 철저히 대비해야 합니다.

초등학생 때부터
성에 대해 말하기

우리나라 사춘기 아이들은 부모나 교사와 편안하게 성 이야기를 하지 못한다는 통계가 있습니다. 이는 한국 사회의 뿌리 깊은 유교 문화에서 비롯된 것이지요. 성과 관련된 주제를 부모나 교사와 하는 것은 어른의 수치심을 유발하기 때문에 예의 없는 행동처럼 인식됩니다.

반면 외국의 경우 언제든지 부모와 자녀 그리고 교사와 학생 사이 편안한 성적 대화가 가능합니다. 아이는 성적 호기심이나 실질적인 궁금증을 편안하게 물어봅니다. 답하는 입장에서는 성적인 행위는 자연스럽고 아름다운 행위임을 강조하지요.

이제는 좀 더 아이들과 편안하게 이야기할 수 있는 장을 마련해야 합니다. 성적인 행위는 아름다운 행위임을 알려주고 피임이나 배란에 대한 이해를 높이도록 노력하는 것이 좋습니다. 다른 사람에 대한 배려와 존중이 없다면 성 행위는 환영받지 못한다는 사실도 아이에게 이야기해야 합니다.

사춘기가 된 어느 날부터 아들이 팬티를 침대 밑에 숨겨놓고 만지지 못하게 한다면, 왜 그러냐고 캐묻지 마세요. 미안하다고 말하며 방을 나오는 것이 바람직합니다. 혹여 나쁜 길로 빠질까, 더 잘 키워야 할 텐데 하는 생각으로 아이의 숨통을 옥죄는 일을 멈추었으면 합니다. 아이의 성장은 부모가 도와주어야 하지만 결국 주체는 아이라는 사실을 잊지 마세요. 부모가 없는 환경에서도 아이가 스스로 자기를 절제하는 방법을 익히게 도와주는 것이 부모의 역할입니다.

사춘기일수록
운동을 시켜야 하는 이유

30대에 암 투병을 한 저는 병원에서 아이를 낳을 수 없다고 했습니다. 시험관 시술도 번번이 실패였지요. 남편은 제가 살아난 것만으로 감사하다며 아이를 원하지 않았습니다. 하지만 그렇게 포기했을 때 기적적으로 임신이 되었고 하나뿐인 아들을 품에 안았습니다.

그런 아들이 초등학교 때 학교에서 피구를 하는데 공이 너무 무섭다고 했습니다. 공이 얼굴로 날아와 맞을까 봐 걱정되고 두렵다는 것이지요. 귀하게 얻은 자식이라 저는 아들을 강하고 모질게 키우질 못했습니다.

게다가 남편도 운동을 좋아하지 않아서 아들은 몸을 많이 쓰는 활동을 할 기회가 현저히 부족했습니다. 더불어 자기보다 남성성이 강한 친구들에게 대처하는 능력을 배울 기회도 없었습니다.

아들은 커갈수록 남자아이들의 짓궂은 장난에 무척 힘들어했습니다. 고심 끝에 저는 당시 아들을 학교 내 컵스카우트에 가입하게 했지요. 단체생활을 하다 보면 부족한 모험심과 공동체 생활의 기술을 익힐 수 있을 거라 생각했습니다. 수영은 어렸을 때부터 배우게 했고, 초등학교 고학년이 되었을 때는 농구단에도 등록시켰습니다.

어느덧 중학생이 된 아들은 점차 남자아이들 사이에서 대처하고 살아남는 법을 찾아나가는 듯했습니다. 어느 날은 태권도를 배우고 싶다고도 하더군요. 아들은 운동을 하며 남성성뿐만 아니라 관계의 기술도 키워나갔습니다.

고등학교에 가서는 자진해서 농구부에 들어가기도 했습니다. 농구부는 선발팀과 후보팀으로 팀이 나뉘어 있었는데 아들은 후보팀에 겨우 들어갈 수 있었습니다. 제가 시키지도 않았는데 스스로 몸을 쓰는 활동을 선택한 아들이 기특해 저는 더 강렬한 동기를 부여해주고 싶었습니다. 수소문 끝에 당시 농구 국가대표였던 이승준 선수를 만날 기회를 만들어주었고 아들의 눈빛은 그 후 완전히 달라졌습니다. 그렇게 아들은 친구들 사이에서 소위 '밀리는 아이'가 아닌 함께 협력하고 공존할 수 있는 아이로 변해갔습니다.

보이는 힘에
민감한 시기

요즘 시대는 외동이 많습니다. 외동아이일수록 운동은 더욱 필수입니다. 형제 자매가 없는 외동아이는 관계에서 오는 갈등에 대처하는 경험이 적기 마련입니다. 또래와 함께 땀을 흘리며 공동의 목표를 달성하거나 승부를 겨루는 과정에서 부족한 경험치를 건전하게 키울 수 있고 자기를 지키는 방법도 익히게 됩니다.

운동을 좋아하는 아이는 사회성도 높을 확률이 큽니다. 운동을 하면 지구력, 끈기, 집중력 등이 향상된다는 연구 결과도 많지요. 운동이 건강에만 좋은 게 아닙니다. 특히 사춘기 아이에게 운동은 필수입니다. 호르몬의 변화로 치솟은 성적 호기심과 욕구를 운동으로 해소할 수 있고 공부 스트레스도 경감시켜주기 때문입니다.

한 전문가가 TV프로그램에서 소개한 자신의 에피소드도 생각할 거리를 던져줍니다. 아이가 초등학교 3학년 때 목욕을 시키는데 몸에 멍이 있었다고 합니다. 깜짝 놀라서 아이에게 물어보니 친구들이 때렸다고 했지요. 보고만 있을 수는 없어 다음 날부터 학원에 등록해 운동하게 했고 이후 아이는 덩치가 크게 자라면서 다른 친구들이 건드리지 못하는 아이가 되었다고 합니다. 사회적으로 성장하고 관계를 유지하는 데 필요한 힘을 바로 운동으로 길러준 것입니다.

사춘기에는 어떤 힘보다 물리적 힘에 민감합니다. 힘이 세다는 것을 보여주고 인정받아 자신의 정체성을 형성하고 싶어 하지요. 아이들은 체구가 큰 아이를 함부로 건드리지 못합니다. 이는 앞서 말한 청소년기 후두엽의 발달과 연관이 깊습니다. 시각 중추가 폭발적으로 발달하는 시기이기에 키가 크고 몸이 좋은, 즉 시각적으로 압도되는 아이는 괴롭히지 못하는 것이지요.

하기 싫은 운동을 시킬 때도
비교하는 말은 금물

사춘기 아이가 또래와 함께하는 운동은 여러모로 유익하지만 그렇다고 무작정 운동을 시켜서는 곤란합니다. 아이의 기질에 따라 각기 다른 방향을 제시하는 것이 좋습니다. 운동을 너무 하기 싫어하는 아이에게는 억지로 농구, 야구, 축구 등 단체로 하는 운동을 시키기보다는 권투, 개인PT 등 혼자서 할 수 있는 운동을 권하는 것이 좋습니다. 특히 "너는 운동을 왜 안 해? 다른 친구들은 다 하던데"라면서 비교하는 말을 사용하는 것은 금물입니다. "○○이 몸이 멋진데, PT 같은 거 받아보면 몸짱 되겠다", "○○이는 바닷가 가는 거 좋아하니까 수영을 배우면 어때?"와 같이 아이의 존재를 인정해주는 말을 한 뒤 운동의 필요성을 이야기하는 게 중요합니다. 운동을 하기 싫어하는 상태에서 강요받다 보면 운동이 더 싫어지고 부담감을 느낄 수 있습니다.

최근에는 조금만 찾아보면 〈핏데이〉, 〈플랜핏〉 등 집에서 맨몸으로 할 수 있는 운동 앱이 많이 있습니다. 운동을 배우러 꼭 학원에 다니지 않더라도 운동을 할 수 있는 것이지요. 소극적이고 대인관계를 힘들어하는 아이라면 무리하게 학원에 보내는 것보다 기질에 맞춤한 방법으로 시도해보는 것이 좋겠습니다. 배드민턴, 등산, 달리기 등 가족이 함께할 수 있는 운동으로 시작하는 것도 좋습니다. 함께 운동하게 되면 가족 간에 소통을 할 수 있는 거리가 생기고 대화 시간이 자연스럽게 늘어나는 것도 장점입니다.

외모를 뛰어넘는
자신감을 만들어주자

사춘기에는 호르몬으로 인한 여드름과 달라진 외모로 인해 자신감이 결여되기도 합니다. 더욱이 부모와의 대화는 학업과 연관된 것이 주를 이루니 안팎으로 자존감이 떨어지기 쉽지요. 학교에서는 공부로 존재감을 나타내고 싶지만 그마저도 잘되지 않습니다. 아이들은 공부를 잘하는 아이가 좋은 아이고, 부모로부터 인정받는다고 생각합니다.

부모는 이 시기에 아이가 옷을 사달라고 하면 "교복을 입는데 왜 옷이 필요해?"라고 묻고, 앞머리에 헤어롤을 말고 있으면 "이런 거에 신경 쓸 시간에 공부를 해"라고 말합니다. 아이는 부모에게 이런 말을 들을 때마다 답답합니다. 학교에는 공부 잘하는 아이, 잘 사는 아이, 예쁜 아이가 정해져 있고 모두 다 자기를 뽐

내느라 혈안인데, 스스로는 어디에도 속하지 못하고 소외된 기분이 들기 때문이지요.

저의 아들도 사춘기가 되면서 다른 친구들과 비교를 시작했습니다. 어느 날 아들은 제게 다른 친구들은 얼굴이 잘생겼거나, 음악이나 미술, 체육을 잘하거나 공부를 잘하니 자기도 남들보다 잘하는 무언가를 만들어야겠다고 말했습니다. 그런 마음이 드는 게 이해는 되었지만 내심 엉뚱한 것에 관심을 가질까 봐 걱정되는 것도 사실이었습니다.

경쟁이 치열하고 서열화된 교육을 하는 우리나라에서 아이들이 각자의 특장점을 스스로 찾기는 매우 어렵습니다. 아들은 아니나 다를까 어느 날 모델 오디션에 다녀왔습니다. 처음에 아들이 그 이야기를 꺼냈을 때는 꼭 그런 걸 해야 하는 걸까 하는 생각이 들었습니다. 그런데 촬영장에서 다양한 옷을 입고 전문가에게 머리 손질, 메이크업을 받아 사진을 찍는 경험을 통해 아들은 자존감이 한층 업그레이드된 것 같았습니다.

그 후 아들은 금연 캠페인 광고(노담 캠페인)에 발탁되었습니다. 아들은 그 광고는 다른 사람을 좋은 방향으로 이끄는 광고이기에 자기가 중요한 일을 하는 거라고 저를 설득했습니다. 처음에는 화려한 조명 아래 서고 싶어서 그런다고 생각했는데 이야기를 하다 보니 자연스럽게 아들은 사회적 문제에 관심을 기울이고 사회에 필요한 사람이 되어야 한다는 것을 깨닫고 있는 중인 듯했습니다. 모델이 되어 보는 일은 자기가 사회에서 할 수 있는 일이 무엇인지, 자기가 좋아하는 일은 무엇인지 찾아나가는 과정이라고 아들은 말했습니다. 아들의 입가에서 오랜만에 웃음도 볼 수 있었습니다. 지금 하는 경험으로 바로 그 길로 가겠다는 것이 아니니 아이의 흥미에 귀를 기울여주세요.

재능을 찾아주는
엄마의 말

다중지능 이론을 창시한 하워드 가드너Howard Gardner는 인간은 각 영역에서 우수한 능력을 발휘할 수 있도록 태어났다고 했습니다. 음악지능, 언어지능, 미술지능, 체육지능, 대인관계지능 등 여덟 가지 영역별 지능에 대한 이론을 제시하며, 어느 한 가지 영역에서만 뛰어난 능력을 발휘해도 창의성의 기초가 된다고 말했습니다. 즉, 부모는 획일화된 교육을 따라가기에만 급급할 것이 아니라 아이가 좋아하고 잘할 수 있는, 타고난 소질을 발현할 수 있게 도와주어야 한다고 강조합니다.

　제 아들도 처음에는 다른 아이들보다 잘하는 것을 찾아내겠다고 시작한 일이었지만 결국 미래에도 도움이 되는 방향을 스스로 찾아나갔습니다. 아이가 어느 영역에서 소질이 있는지 잘 관찰해보세요. 부모가 아이의 사춘기에 가장 많이 해주어야 하는 말은 "너는 충분히 가치 있는 아이야"라는 말입니다. 사춘기에는 자신의 부족한 부분과 눈에 보이는 것에 집중하는 특성이 있기에 부모의 안정적인 지지가 있어야 흔들리지 않습니다.

타인의 인정뿐 아니라 스스로 자기를 인정하고 존중하는 방법을 터득하게 하는 것이 좋습니다. 자신의 장점을 찾고 활용해 결과를 만들어내도록 도움을 주세요. 좋은 결과가 나왔을 때는 "너무 기쁘지? 엄마는 너를 믿고 있었어. 공부가 아니더라도 다양한 분야에서 너의 색깔을 찾을 수 있는 거야"라고 차분히 말해주세요. "엄마는 ○○가 정말 자랑스러워. 스스로 이렇게 헤쳐 나가는 걸 보니 엄마 딸 분명하네", "우리 아들은 충분히 가치 있는 사람이야. 눈에 보이는 화려함만이 색깔의 전부가 아니야. 엄마는 네가 네 색깔을 잘 찾아가고 있어서 기뻐", "역시 우리 딸이야"라고 이야기해도 좋습니다. 아이는 어느덧 사춘기 특유의 우울한 얼굴을 버리고 초롱초롱 맑은 눈빛으로 엄마를 바라볼 것입니다.

비단 큰 성과를 냈을 때만 해야 하는 말이 아닙니다. 집안일을 도왔을 때, 숙제를 끝까지 마쳤을 때, 친구를 도왔을 때 등 작은 일에도 칭찬을 아끼지 않아야 합니다. 마음에 들지 않는 외모, 원활하지 못한 학교생활로 자존감이 낮아진 아이는 다른 누군가로부터 인정을 원합니다. 부모는 아이가 설사 모든 면에서 부족하고 잘하는 게 없어 보이더라도 아이를 누구보다 사랑하고 믿고 있다는 사실을 적극적으로 알려줄 필요가 있습니다.

"너는 충분히
가치 있는 아이야"

특히 입시 위주의 교육으로 억눌린 아이에게 숨통을 틔워주는 엄마의 역할이 중요합니다. 대개는 집에 와서도 아이는 힘든 마음 상태를 제대로 표현하지 못합니다. 엄마는 아이의 말버릇이 마음에 들지 않고 아이는 엄마의 대화 주제가 마음에 들지 않습니다. 엄마는 아이의 말버릇을 트집 잡아 그동안의 불만을 한꺼번에 쏟아내는 경우가 많습니다. "잘하는 게 있어야 칭찬을 하죠?"라고 말하지 마세요. 억지로라도 한두 번 "너는 충분히 가치 있는 아이야"라고 말해주다 보면 아이가 달라지는 모습을 관찰할 수 있습니다. 아이가 한 가지 틀, 한 가지 기준으로만 자신을 바라보지 않게 만들어주세요.

한편 반대로 너무 과하게 칭찬하는 것도 좋지 않습니다. 한번은 제게 상담을 온 엄마에게 "아이에게 칭찬을 많이 해주고 가치 있다는 말을 많이 해주세요"라고 조언을 한 적이 있습니다. 그런데 그렇게 하다 보니 아이가 부담스러워한다고 했습니다. 지나치게 과장된 말을 하면 아이는 부모가 자기를 너무 어리게 대한다고 생각하고 아무것도 모르는 줄 안다고 느낍니다. 다시 말해 진정성 있는 말이 중요한 것이지요. 칭찬을 할 때도 "잘했어"라고 말하기보다는 구체적으로 무엇을 잘했는지 짚어서 말하는 게 좋습니다. 덧붙여서 "그거 때문에 ○○이도 기분이 좋았겠다"라고 해주세요. 칭찬으로 대화의 물꼬를 트면 아이의 미래에 대해서도 함께 편히 이야기할 날이 찾아올 것입니다.

다 키웠으니 육아가 끝났다고
생각하는 엄마들에게

어릴 적 사춘기가 없었던 부모도 있고 사춘기를 호되게 겪은 부모도 있을 것입니다. 사춘기를 겪지 않은 부모는 '나는 사춘기가 없었는데……', '누구를 닮아서 저 모양이지' 하면서 아이를 이해하지 못하기도 합니다. 사춘기 방황과 혼란은 자연스러운 성장 과정임을 알아야 합니다.

한편 아이가 사춘기를 겪지 않으면 아이를 바르게 키워서 그렇다고 생각하는 경우도 있습니다. "우리 아이는 사춘기라는 게 없이 지나갔어요", "항상 부모 말을 잘 들었어요"라고 내심 자랑스럽게 이야기하기 하지요. 하지만 부모의 말을 잘 듣고 착한 아이로 성장한다고 모두 좋아할 일만은 아닙니다. 아이가 성장하고 독립해야 할 때 제대로 하지 못하면 그 성장통은 인생 전반 언제라도 찾아오기 마련입니다.

아들은 키가 185센티미터이다 보니 사람들이 종종 대학생이나 성인인 줄 압니다. 저도 가끔은 아들이 키가 크니까 아직 학생이라는 것을 잊어버리고 성인처럼 대할 때가 있습니다. 자꾸 철이 없다는 생각이 들어 잔소리가 많아 지기도 합니다. 가끔은 무언가를 결정해야 할 때 일일이 아이에게 묻기도 했습니다. 모든 일에 아이에게 주도권을 줄 필요는 없는데 말이지요. 그것이 아이에게 오히려 부담감을 주었을지도 모릅니다.

아이의 몸집과
성장은 비례하지 않는다

성숙한 부모라면 자신의 감정을 아이에게 전가하지 않고 표출하지 말아야 합니다. 화가 조금 나더라도 가라앉히고 마음의 정화를 한 후 아이에게 말해야 합니다. 부모가 말을 한다고 해서 아이가 그 말을 다 이해하고 받아들이는 것은 아니니까요.

이를테면 아이가 하루 종일 공부는 안 하고 핸드폰만 보고, 심지어 학원마저 몰래 빠졌을 때 부모의 마음은 막막하고 답답하기만 합니다. 학원을 왜 빠졌냐부터 시작해서 이유가 뭔지, 그럴 거면 학원을 그만두라는 말까지 한다고 해서 아이가 말을 들을까요? '또 잔소리를 하는구나'라고 생각하고 귀를 닫아버리는 게 사춘기 아이입니다.

사춘기 아이를 두고 부모가 가장 잘못 생각하는 것 중 하나가 바로 이것입니다. 머리가 컸으니 부모의 말을 이해하고 받아들일 수 있을 거라고 믿는 것이지요. "제발 좀", "너는 맨날 그랬어", "널 어떻게 믿니?", "그럴 줄 알았어", "○○이는 그렇지 않다던데?"라면서 아이 가슴에 비수를 꽂는 말을 하기도 합니다. 사춘기 아이의 마음은 아직 단단하지 못합니다. 엄마가 던진 모진 말은 아이가 성장하면서 계속 머리를 맴돌고, 성인이 되어서도 상처로 남습니다. 내가 가장 믿었던 엄마, 나를 가장 생각해주는 엄마로부터 들은 아픈 말이기 때문에 그렇습니다.

"어떻게 해도 말을 안 들어서, 어쩔 수 없이 그런 말을 하게 되는 거 같아요"라고 말하는 부모도 있을 것입니다. 부모의 말을 아이가 잘 귀담아듣게 하기 위해서는 부모의 인식부터 바꾸어야 합니다. 그 정도는 알아서 할 수 있는 나이가 아닌 여전히 나의 보호와 도움이 필요한 미숙한 존재라는 시각이 필요한 것이지요. 아이는 아직은 누군가로부터 인정받고, 사랑받고, 관심받고 싶어 하는 존재입니다. 시각의 전환이 잘되지 않는다면 아이의 어릴 적 모습을 회상해보세요. 다시 그 시절로 돌아가고 싶을 만큼 작고 귀여운 아이를 떠올려보세요. 눈에 넣어도 아깝지 않은 내 새끼라는 표현이 입에서 술술 나올 것입니다. 그때의 마음으로 아이의 온전한 보호자가 되어 사춘기 아이를 감싸안아야 합니다.

정신적 성장까지가
엄마의 육아 영역

아이의 모습 중에 마음에 들지 않아 고치고 싶거나 조언을 해주고 싶은 것이 있다면 일단 종이에 적기를 바랍니다. 여러 번 적고 다듬어서 아이에게 이야기하세요. 사춘기는 풍선과도 같습니다. 바늘로 풍선을 살짝 건드리기만 해도 풍선은 '팡' 하고 소리를 내며 터져 순식간에 바람이 빠지고 바닥에 떨어져 아주 작고 쭈글쭈글한 모습으로 변합니다. 그것도 단 몇 초 만에 말이지요. 내 아이가 엄마의 말에 몇 초 만에 풍선처럼 터지고 쪼라들 수 있다는 사실을 기억해야 합니다. 잘되라고 하는 말이라며 쏟아내는 정화되지 않은 언어가 아이를 병들게 합니다. 사춘기 아이의 모습에 같이 날을 세우며 순간적으로 감정과 말을 쏟아놓고 후회하는 엄마가 정말 많습니다. 남는 게 후회뿐이면 좋겠지만, 아이의 마음속 빗장을 걸어 잠그는 계기가 되기에 더욱 조심해야 합니다. 한번 잠긴 빗장을 푸는 일은 매우 어렵기 때문입니다.

아이는 아직도 커야 합니다. 10년 넘게 키웠으니 아이가 다 컸다고 생각하는 것은 금물입니다. 이 정도 노력했으니 알아들어야지 하고 생각하는 것도 안 됩니다. 부모는 끊임없이 가르치고 또 가르쳐야 하는 존재인 점을 명심하세요. 아이는 그런 부모 밑에서 머릿속에는 지식과 지혜를 넣고, 마음속에는 이해와 아량을 키워나갑니다. 사춘기에 얼마나 큰 마음으로 아이를 품었는지에 따라 아이의 미래가 달라진다고 자신 있게 말할 수 있습니다. 유아기에만 아이를 조심조심 다루어야 하는 것이 아닙니다. 유아기에는 물리적인 보호가 필요했다면 사춘기는 감정적인 보호와 양육이 필요한 시기이지요. 유아기를 돌보았던 그 자세 그대로 언제 깨질지 모르는 유리잔과 같이 사춘기 아이를 조심조심 다루어주세요.

육아노트는 유아기에만 쓰는 것이 아닙니다. 사춘기의 강을 현명하게 건너기 위해서는 부모노트를 쓰길 제안합니다. 아이의 행동을 기록하고 부모의 언어와 행동을 반성하는 글쓰기를 통해 다시 한번 아이를 제대로 키우기 위해 노력해보세요. 즉, 사춘기 공부를 하는 것이지요. 아이가 사춘기를 보낼 때 부모는 마음이 답답해도 더 이상 책에서 답을 찾으려고 하지 않습니다. 아이가 어릴 때 수많은 육아서를 봤으니 더 이상 책이 필요하지 않다고 생각하는 듯합니다. 혹은 지금까지 해온 양육의 방식이 잘못되었다는 사실을 직시할까 봐 두렵기 때문일 수도 있습니다. 또는 책에서는 항상 뻔한 말만 하고 답을 주지 않는다고 생각하기 때문일 수도 있습니다.

어떤 이유에서든 저는 이것만은 확실하게 말하고 싶습니다. 아이의 몸을 다 키워놨다고 해서 양육이 끝난 게 아니라는 것입니다. 부모의 육아는 아이가 정신적인 성장까지 이루어낼 때 끝납니다. 그렇게 할 때 엄마로서 자신의 성숙한 모습도 만들어나갈 수 있을 것입니다.

💬 이토록 다정한 **엄마의 말 연습**

X	그런 정성으로 공부를 하면 1등 하고도 남겠다.
O	그렇게까지 마음이 쓰였던 거구나. 얼굴 때문에 아주 속상하지? 엄마가 도와줄 수 있는 거 있으면 언제든지 말해줘.
X	학생이 무슨 연애야? 대학생될 때까지 절대 남자친구는 안 돼.
O	엄마는 ○○가 남자친구를 만나도 된다고 생각해. 하지만 아직은 걱정되는 부분도 있으니까 항상 이야기를 해주면 좋겠어.
X	도대체 왜 밖에 안 나가는 거야? 집에만 있으면 어떡해.
O	꼭 밖에 나가야 하는 건 아니지만 엄마는 ○○가 집에서만 있으니 혹시 우울한 생각이 드는건 아닌지 걱정이 돼. ○○이 기분을 조금씩 엄마한테 이야기해줄 수 있을까? 그렇게 하면 엄마도 걱정이 덜 될 거 같아.
X	너 혹시 이상한 거 보는 거 아니지? 그런 거 보면 큰일 나.
O	엄마는 ○○가 이상한 거 보는 거 같고 그러다가 나쁜 길로 빠지는 거 아닌지 걱정이 돼. 엄마가 물어볼 때 차근차근 설명해주면 엄마도 안심할 거 같은데 그렇게 해줄 수 있을까?
X	어, 잘했네.
O	너무 기쁘지? 엄마는 너를 믿고 있었어. 공부가 아니더라도 다양한 분야에서 너의 색깔을 찾을 수 있는 거야. 스스로 이렇게 헤쳐 나가는 것을 보니 엄마 딸(아들)이 분명하네.

4장

사춘기는
제2의 유아기다

사춘기의 스트레스

우리 애는
공부 스트레스 없어요

저는 아들이 어릴 때 그림책을 많이 읽어주었습니다. 다양한 그림을 접하게 했고 저와의 상호작용을 통해 상상력과 창의력을 키울 수 있도록 노력했습니다. 문화센터를 데리고 가서 물감놀이도 하고 함께 춤도 추며 오감이 발달하도록 했습니다. 때론 유아를 위한 연극, 뮤지컬도 관람하면서 정서 발달에 도움이 되길 바랐지요.

아들이 초등학교에 들어가면서부터는 주입식 교육을 아주 최소한으로만 하고 싶었습니다. 대학에 있다 보니 저는 우리나라 교육의 한계를 이미 체감하고 있었습니다. 특히 초중고에 걸쳐 영어를 그토록 오래 배웠음에도 대학에 와서 외국 사람과 편하게 대화 한마디를 못하는 아이들을 자주 봤습니다. 아들은 학습지 방문 교육으로 최소한의 학습량만 채우면서 여행과 컵스카우트 등으로 활동적인 경험을 쌓았습니다. 영어는 문법 위주의 학원이 아닌 그룹 과외 형식으로 통역수업을 받게 했습니다. 말하기를 먼저 배우고 그 속에서 어휘와 문법을 자연스럽게 익히길 바랐기 때문입니다.

학교 선생님과 상담할 때면 "아이가 80점만 넘으면 잘한다고 칭찬해주세요"라고 이야기하곤 했습니다. 저는 우리나라 주입식 교육에 대해 늘 고민을 해왔습니다. 아들이 즐겁게 학교생활을 하는 게 가장 중요하다고 생각했기 때문입니다. 다행히 아들은 초등학교 저학년 때까지는 행복한 학교생활을 했습니다. 그러나 고학년이 되면서부터는 학교를 즐겁게만 다닐 수 없는 일들이 일어났지요.

친구들은 영어학원, 수학학원, 미술학원, 피아노학원, 논술학원 등 각종 학원을 하나둘 다녔습니다. 친구들이 모두 학원에 가니 아이는 함께 놀 친구가 없었습니다. 엄마들은 옆집 아이가 새로운 학원에 다닌다고 하면 불안한 마음이 들어 너도나도 상담을 받으러 학원에 우르르 몰려갔습니다. 학원은 공부를 배우는 장소이면서 동시에 친구 관계를 만들어주는 장소로 기능하는 듯했습니다. 그럼에도 아들은 자신이 흥미로워 하는 일들을 하면서 초등학교를 전교 부회장으로 졸업했습니다. 저는 이때까지만 해도 아들이 잘하고 있고, 저의 교육 철학에 대해 내심 자부했습니다.

내가 아들을
국제학교에 보낸 이유

문제는 아이가 중학교에 들어가면서부터 나타났습니다. 공부도 잘하고, 또래 친구들 사이에서 리더십이 있는 줄 알았던 아들에 대해 선생님은 "공부도 보통, 운동도 보통, 평가에서 모든 것이 보통입니다. 앞으로는 공부를 좀 시켜야 하는 걸 어머니도 아시죠?"라고 조언했습니다. 드디어 우리나라 교육에서 올 것이 왔구나 하고 생각했지요. 언젠가 이런 말을 들으리라 예측하고 있었습니다. 저는 고민에 빠졌습니다. 아들을 우리나라 입시 제도 안으로 밀어넣을 것인가, 제가 그동안의 지켜온 교육관으로 창의 체험 중심 학교로 보낼 것인가 하고 말이지요.

우선 아들을 데리고 창의 체험 중심 학교(이우학교, 거꾸로 학교, 마이폴 학교, 국제학교 등)를 둘러보았습니다. 산속에서 그림을 그리고 나물을 캐는 학교도 있었습니다. 거의 모든 창의 체험 중심 학교를 함께 돌아보고 지금 다니고 있는 중학교와 대안학교 중에 선택할 수 있는 권한을 주었습니다. 아들은 제주도에 있는 국제학교를 다니고 싶어 했습니다.

아들은 당시 일반 중학교를 다니고 있었고 국제학교에 입학하려면 영어 공부는 따로 시켜야만 했습니다. 어쩔 수 없이 국제학교 입시 학원에 보내 두 달을 공부한 후 제주도의 한 국제학교에서 시험을 보러 오라는 통보를 받았습니다. 아들은 짧은 시간 공부를 했지만 1차 합격통지서를 받고 2차 면접을 준비하게 되었지요. 다행히 아들은 영어를 회화 위주로 배웠기 때문에 교장 선생님과 면담이 가능했습니다. 교장 선생님이 "What do you like?"라고 물었고 아들은 유튜브 채널에 디즈니 픽사 애니메이션을 리뷰하고 있다고 대답했습니다. 믿지기 않았지만 그렇게 아들은 국제학교에 합격했습니다.

저는 이때까지만도 굉장히 기뻤습니다. 아들을 입시라는 관문에서 떨어뜨려 놓았다고 생각했던 것이지요. 그런데 국제학교에 다니는 아이들은 이미 선행 학습을 많이 한 상태였습니다. 아이들은 영어면 영어, 미술이면 미술, 수학이면 수학, 운동이면 운동 등 못하는 게 없었습니다.

체험 중심 교육을 좇던 저는 생각과 다른 현실에 부딪쳤습니다. 아들도 조금씩 스트레스를 받았습니다. 선행을 마친 아이들에 비해 해야 할 학습량이 많았고, 영어로 진행되는 어려운 수업을 집중해 따라가야 했습니다. 남자아이들의 야생마 같은 기질이 적나라하게 표출되는 기숙사 생활도 열심히 적응해야 했습니다. 다른 친구 침대에 썩은 우유를 부어놓는 아이, 화가 나면 때리는 아이, 이간질하는 아이부터 급기야 학교를 그만두는 아이까지 있었습니다. 기숙사라는 한정된 공간에 있다 보니 아이들의 스트레스 지수가 더욱 높았습니다. 심지어 어떤 아이는 부모님에 의해 주말이면 기숙사에서 나가 토·일 모두 학원에 갔다가 돌아왔는데, 그럴 때마다 다른 친구들을 괴롭히면서 화를 풀기도 했습니다.

피할 수 없었던 서열화와
의외의 복병

아들도 공부 스트레스에서 예외는 아니었습니다. 어느 날 교장 선생님께 전화가 왔습니다. 아들이 공부 스트레스로 인해 힘들어하고 있으니 잠시 부모님이 데려가 공부 스트레스를 풀어주라는 것이었습니다. 전화를 받고 허겁지겁 제주도로 내려가는데 아들이 얼마나 마음이 힘들까 하는 생각에 눈물이 주르륵 흘렀습니다. '내가 바랐던 것은 이런 게 아니었는데'라는 생각이 스쳤습니다.

아들과 인근 숙소로 가서 식사를 하며 이야기를 진솔하게 나누었습니다. 아들은 영어로 수업을 해서 모든 과목이 어렵고 힘들다고 했습니다. 국제학교에 대해 자세히 알아보지 않고 준비 없이 보낸 제 탓이라 자책했습니다. 아들과 저는 그날 밤 말하지 않아도 서로의 마음속에 따뜻한 기운을 느꼈습니다.

아들의 학교는 교과서 중심의 주입식 교육이 아닌 탐구 중심의 자율적인 방법으로 여러 과목을 가르쳤습니다. 제가 선호하는 방식이었지요. 저는 학교의 수업 방식을 보고 아들의 선택에 동의했고, 그 시기에 일어나는 또래 관계의 문제는 미처 생각하지 못했습니다.

　우리나라 안에서의 학습 방식이나 분위기는 서구권의 교육과 달리 서열화를 피하기는 어렵습니다. 또한 아이들은 주입식 교육에 익숙해져서 자신의 의견을 표현하지 않게 됩니다. 겉으로는 마치 모든 것에 동의하는 것처럼 잘 지냅니다. 하지만 마음속으로 '나는 그렇지 않은데', '내 생각은 다른데'라고 느끼다가 더 이상 버틸 수 없는 상태가 되어 스트레스가 쌓이면 이해할 수 없는 다양한 형태로 터지는 것이지요. 게임, 성, 폭력, 자해, 담배, 술 등 아주 강렬하고 자극적인 스트레스 해소법을 찾아 빠져듭니다.

공부 스트레스를
해결하는 3가지 방법

제게 상담을 온 엄마들은 "우리 애는 공부 스트레스 없어요"라고 말합니다. 하지만 저도 아들이 공부 스트레스가 없는 환경에서 지내길 바랐지만 아이가 개별적으로 받은 공부의 스트레스는 부모의 생각과 다를지도 모릅니다. 아이의 공부 스트레스는 다른 말로 표현하면 공부로 자신의 존재를 평가받는 것에 대한 두려움일 것입니다. 그렇다면 아이의 공부 스트레스는 어떻게 해결할 수 있을까요?

첫 번째, 운동입니다. 감정의 기복이 심한 사춘기에는 운동으로 정신을 가다듬고 자신을 통제할 수 있게 해야 합니다. 특히 남자아이들은 운동으로 스트레스를 푸는 방법을 지속해서 알려주어야 합니다. 어릴 때부터 운동을 좋아했던 아이라면 상관이 없지만 그렇지 않을 경우라면 태권도, 배드민턴, 축구, 수영 등 아이가 관심 있어 하는 운동을 기본적으로 두 가지 이상은 하길 권합니다. 학업에 필요한 체력을 쌓을 수 있을 뿐만 아니라 불필요한 생각과 마음을 떨쳐내는 데 크게 도움이 됩니다.

두 번째, 놀이 시간을 확보해야 합니다. 놀이 시간에 부모가 개입해서는 안 됩니다. 예를 들어 아이가 시험이 끝나고 친구와 만나 논다고 할 때는 조급한 마음과 잔소리는 잠시 접어두는 것이 바람직합니다. 아무리 학업이 본분이라고는 하지만 놀이는 어른에게도 필요하듯이 아이에게도 필요합니다.

세 번째, 아이의 취미와 관심을 공감해주어야 합니다. "넌 왜 맨날 쓸데없는 일을 하니?", "학생이 공부는 안 하고 이렇게 딴 짓만 하면 어떻게 하니?", "너는 뭐가 되려고 그래?", "불안하지도 않니?"라는 말은 아이의 자존감을 꺾는 말입니다. 더 이상 부모와 대화를 하고 싶어 하지 않는 것은 물론이지요. 아이가 어른이 되어서 취미가 없는 사람으로 살기를 바라나요? 우리가 그랬던 것처럼 취미가 없고, 놀 줄도 모르는 어른으로 성장하길 바라지 않는다면 아이의 딴짓을 허용해야 합니다.

네 번째, 조금 과하거나 이해하기 힘든 일이라도 눈감고 넘어

가주어야 합니다. 이를테면 너무 잦은 일이 아니라면 용돈을 더 달라고 한다든지, 핸드폰 사용 시간을 더 달라고 할 때 흔쾌히 허용해주세요. 대부분의 부모는 이럴 때 "너는 왜 맨날", "왜 약속을 안 지키고 그래"라는 말이 목구멍까지 나옵니다. 아이를 탓하는 말 대신 부모가 바라는 부분을 이야기해주세요. "필요하니까 더 달라고 하는 걸 거야. 엄마는 네가 하는 일을 믿어"라고 이야기해보세요. 아이는 자신의 마음을 이해해주는 부모의 모습에 갓난아이처럼 순수한 미소를 지어 보일 것입니다.

늦은 밤 아파트 단지를 도는
엄마의 스트레스

부모라면 누구나 이왕이면 아이가 좋은 대학에 들어가 좋은 직업을 가지고 편하게 살길 바랍니다. "우리 아들 이번에 ○○ 대학에 갔어요", "우리 딸 전체 수석으로 들어가서 등록금 부담이 줄었지 뭐예요", "과외 한 번 안 시켰는데 의대에 붙었잖아요"라고 말하는 날이 오길 꿈꿉니다. 은연중에 아이의 미래를 그려놓고 말하기도 합니다. 엄마가 하고 싶은 것, 생각하는 것, 말하는 것을 아이에게 주입하고 있는지도 모를 일입니다. 그런데 의외로 엄마의 스트레스는 여기서 생깁니다.

아이의 미래에 대해 욕심을 내다가 아이가 잘 따라와주지 않을 때 마음이 너무 힘든 것이지요. 밤에 아파트 단지 안을 보면 빠른 걸음으로 걷는 40~50대 여성이 많습니다. 그들은 모두 누가 흉볼까 봐 속마음을 다른 곳에 털어놓지 못하는 사춘기 엄마들이라고 이야기하는 우스갯소리가 있습니다. 아이의 학습 능력뿐 아니라 가치관까지 모든 것이 엄마의 생각과 다를 때 가슴앓이가 심해집니다. 엄마가 생각하는 이상적인 모습과 아이의 현실적인 모습이 다를 때, 엄마는 어떻게 하는 것이 좋을까요?

아이와 대화가 잘될수록
스트레스가 적다

아이가 스트레스를 받는 만큼 엄마는 더 속이 탑니다. 사춘기 엄마의 스트레스를 줄이는 방법은 아이와의 대화에 달려 있습니다. 엄마의 머릿속에 들어 있는 감정을 아이에게 솔직히 전달할수록 스트레스를 줄일 수 있다는 말입니다. 어느 날 아들이 제게 "엄마는 욕심이 너무 많은 것 같아요"라고 말한 적이 있습니다. 저는 순간 당황했지요. 이미 아들이 이렇게 말할 정도면 그동안 제가 말로만 표현하지만 않았지 저의 바람을 수없이 많은 행동으로 드러냈다는 것이고, 아들은 그로 인해 스트레스를 받았다는 뜻이기 때문입니다. 에두르는 말과 행동이 아니라 정확한 말로 표현했다면 우리 사이의 오해는 없었을 것입니다. 그래서 저는 아들에게 이렇게 말했습니다. "엄마는 솔직히 네가 공부 잘해서 좋은 대학 갔으면 좋겠어. 그런데 이건 그냥 엄마의 감정이고 엄마의 마음이야. 엄마는 계속 너를 응원할게! 필요한 게 있으면 엄마한테 언제든지 말해줘."

사춘기는 감정에 예민한 시기입니다. 이것은 자신의 감정뿐 아니라 타인의 감정을 읽어낼 때도 그렇습니다. 때문에 사춘기를 잘 보내기 위해서는 엄마의 감정을 솔직하게 드러내는 편이 엄마나 아이 모두에게 좋은 선택이 됩니다. 제 감정을 가감 없이 부드럽게 전하자 아들의 얼굴에도 편안한 미소가 번졌습니다.

아이들도 엄마가 자신에 대해 거는 기대가 크다는 것쯤은 잘 알고 있습니다. 다만 그 사실을 전하면서 그 감정은 엄마의 것이지 너에게 책임이 있는 것은 아니라고 구분해주어야 합니다. 이렇게 아이의 감정을 어루어만져주면서 엄마가 언제나 자기 편이라는 믿음과 신뢰를 주어야 합니다.

가감 없이
감정을 전달하는 연습

아이가 자신의 길을 찾아나갈 때는 엄마가 너무 많은 기회를 품에 안겨주는 것보다는 아이의 요청을 기다리는 편이 좋습니다. 음식으로 예를 들면 이렇습니다. 잡채, 갈비찜, 탕수육 등 음식을 거하게 차려놓고 한꺼번에 먹으라고 하면 아이는 자기가 정말 좋아하는 게 무엇인지 알 수 없습니다. 너무 많은 음식을 보며 먹기도 전에 질릴 수 있고, 억지로 먹어서 소화가 안 될 수도 있습니다. 그런데 만약 간장 종지에 흰쌀밥만 놔준다면 아이는 필요한 걸 말할 것입니다. 아이가 필요한 것을 스스로 말할 기회를 주어야 합니다.

아이가 내 뜻대로 되는 것에 만족감을 느끼며 엄마가 좋아하는 음식들로만 푸짐하게 한 상을 차려놓고 아이가 잘 먹지 않는다고 푸념만 하면 될까요? 아이가 좋아하는 것을 찾을 수 있는 방향만 제시해주세요. 사춘기 아이의 양육에서 가장 중요한 것은 독립과 정체성 형성입니다.

요즘 사회에는 로봇과 AI 인공지능, 챗GPT 등 다양한 시대적 변화의 물결이 밀려오고 있습니다. 미래 사회를 만들어가는 내 아이의 창의성을 발달시키고 자신의 장점을 극대화할 수 있도록 엄마가 한 걸음 물러서서 아이에게 기회를 주어야 합니다. 부모의 말 한마디로 아이는 세계를 이끌어갈 인재가 될 수도 있고 반대로 자신을 학대하고 자신을 사랑하지 못하는 아이로 성장할 수도 있음을 명심하세요.

"아이가 먼저 필요한 걸 말하지 않아요", "아이는 아무것도 안 해요", "그냥 놀고 싶어만 하는 거 같아요"라고 말하는 엄마도 있을 것입니다. 저 역시 아들이 먼저 필요한 것, 원하는 것을 이야기하지 않아서 답답하고 화가 난 적이 있습니다. 이때 조급한 마음을 다스려야 합니다. 언젠가는 분명 자기가 원하는 것을 말할 것이라는 믿음으로 인내해야 합니다. 제가 알아서 코앞에 가져다 바쳤던 수많은 기회와 선택지를 없애자 아들은 그제야 입을 열었지요. 자기 앞날을 위해 무엇을 할 것인지도 적극적으로 이야기하기 시작했습니다. 이때 엄마가 해야 하는 말은 다음과 같습니다.

"그동안 엄마가 생각이 아주 짧았어. 엄마는 엄마가 좋아하는 거면 너도 좋아할 거라고 생각했어. 생각해보니 이건 모두 엄마가 좋아하는 것들이었네. 우리 ○○이가 좋아하는 게 아니라는 것을 알게 됐어. 앞으로는 ○○이가 원하는 것을 하고 엄마가 옆에서 많이 도와줄게. 엄마는 네가 고생하는 만큼 결과가 나왔으면 좋겠어. 어떤 걸 하고 싶은지 말해줄 수 있어?"

물론 엄마가 지나치게 알아서 다 해주는 일을 멈추어도 아이가 원하는 방향을 찾지 못하거나, 원하는 것을 말하지 않을 수도 있습니다. 그럴 땐 아이에게는 아직 많은 시간이 있음을 새겨야 합니다. 스스로 삶을 개척하는 힘을 길러주지 않으면 독립적인 아이로 성장할 수 없습니다. 아무것도 하지 않고 가만히 있으라는 뜻이 아닙니다. 이때도 엄마의 감정을 진솔하게 아이에게 표현하면 됩니다.

"물론 너의 마음과는 다르겠지만 엄마는 네가 이렇게 해주길 바라", "혹시 힘들지 않다면 그렇게 해줄 수 있을까?", "엄마도 어떤 날은 속상해서 막 울고 싶어", "내가 뭘 잘못했는지도 모르겠고, 뭐가 너를 그렇게 화나게 하는지도 모르겠어."

사춘기 아이들은 엄마의 강한 모습만 머릿속에 그려놓습니다.

'우리 엄마는 아마 꿈쩍도 안 할 거야', '우리 엄마는 강해', '우리 엄마는 무서워' 등 아이는 엄마의 강하고 용감한 모습을 더 많이 기억하지요. 엄마도 때론 힘들어하는 약한 존재라는 것을 아이도 알 필요가 있습니다. 어른이니까 언제나 아이 앞에서는 씩씩한 엄마여야 한다는 고정관념을 버리고 슬프면 슬프다, 기쁘면 기쁘다, 또 어떤 것을 바란다면 있는 그대로 표현하는 것입니다. 그런 상황이 쌓일수록 아이도 엄마를 자신을 통제하려는 대상으로 생각하기보다 개인 대 개인 혹은 인격체 대 인격체로 인식하게 될 것입니다.

엄마의 말이
잔소리가 되지 않으려면

저는 자녀를 양육하고 훈육하고 교육하는 것에 대한 자부심이 있었습니다. 그러나 어느 날부터인지 제가 제대로 아들과 소통하고 있는지 자꾸 되묻게 되었습니다. 시간이 지날수록 아들의 입장을 고려하기보다는 저의 입장을 고수하고 있는 건 아닌지 두려웠습니다. '대화가 안 되고 있구나', '왜 이렇게 힘들지!'라는 생각이 지배적이었습니다. 무언가 단단히 잘못되었다고 생각했습니다. 하지만 무엇이 문제인지, 어떻게 해야 하는지도 몰랐습니다. 아들은 저와 이야기하면 처음에는 기분이 괜찮다고 했습니다. 그런데 조금만 더 이야기하다 보면 말이 안 통하고 더 이상 말하고 싶어지지도 않는다고 했습니다.

대개 엄마는 아이에게 좋은 습관을 잡아주기 위해 자주 나무라고 자꾸 무언가를 가르치려고 합니다. 이게 아이와의 대화 단절을 이끄는 지름길이 됩니다. 아이에게 바라는 게 있다면 엄마가 원하는 모습을 솔선수범해서 보여주는 것이 가장 좋습니다. 말로 표현한다고 생활 습관이 하루아침에 바뀌지 않기 때문입니다. 만약 아이가 자기 옷을 그대로 방에 벗어놓는다면 때로는 아이가 없을 때 치워주는 것도 좋습니다. 그리고 아이가 보는 앞에서 엄마가 옷을 잘 벗어 개고, 다시 입는 모습을 보여주어야 합니다. 자식은 부모의 거울이라고 했습니다. 부모의 모든 것을 자연스럽게 흡수하는 게 아이입니다.

솔선수범,
어렵지만 해볼 만한 과제

"전화는 왜 이렇게 많이 하니?", "목욕 시간은 왜 이렇게 기니?", "어떻게 친구 만나러 가면 들어올 생각을 안 하니?", "옷 좀 잘 벗고 나가라", "왜 맨날 늦게 자니?", "건강에 좋은 음식을 먹어야 아프지 않아" 등의 말은 결국 아이에게 잔소리로 다가갈 수밖에 없습니다.

국어사전에서 잔소리는 쓸데없이 자질구레한 말을 늘어놓는다 혹은 필요 이상으로 듣기 싫게 꾸짖거나 참견한다고 정의합니다. 이렇게 자질구레한 엄마의 잔소리를 들으면 아이들은 어떤 마음이 들까요? 사춘기 아이들을 대상으로 한 설문조사에서 75퍼센트 이상이 엄마의 잔소리는 너무 듣기 싫고, 듣는 순간 엄마가 미워진다고 했습니다. 엄마가 보고 싶지 않고 마주치고 싶지도 않다고 했고, 심지어 잔소리 때문에 집에서 나가고 싶다는 아이도 있었습니다.

기본생활습관 교육은 유아기를 거쳐 초등 저학년에 완성이 되어야 합니다. 슬슬 아이에게 사춘기가 오기 시작하는 초등 고학년 때에는 교육이나 훈육이라고 생각하는 말이 아이에게 잘 먹히지 않습니다. "나는 누구인가?"라는 질문으로 가득한 아이에게 외부에서 밀려오는 간섭은 스트레스로 작용하게 됩니다. 심지어 잔소리를 여러 번 듣다 보면 자존감도 뚝뚝 떨어집니다. 아이는 엄마나 아빠가 자신에 대해 불신하거나 바라는 게 많다고 생각되면 대화를 피하기 시작하지요. 아무리 설명해도 '엄마 아빠는 내 마음을 몰라', '또 시작이구나'라고 생각하기 일쑤입니다. 자존감이 낮아지면 다른 사람의 말을 확대 해석해 듣게 되고 정체성 형성에서도 긍정적인 영향을 미치지 못합니다.

부모는 부모대로 아이가 자기를 피하는 시간이 많으니 짧은 시간에 많은 바람을 늘어놓습니다. 지금 눈에 보이는 잘못된 행동 하나만 가르치면 될 것을 자기도 모르게 이전에 했던 잘못까지 줄줄이 비엔나처럼 끄집어내 지적합니다. 대화의 방법도 잘못되어 있습니다. 급한 마음에 아이의 말을 듣는 게 아니라 엄마의 말을 먼저 늘어놓습니다. 때문에 아이는 엄마가 입을 열면

'비난의 화살이 나에게 오는구나'라고 생각하는 회로가 만들어집니다. 엄마의 이유없는 잔소리를 피할 궁리만 하게 됩니다.

집은 잔소리하는 공간이 아니다

무엇보다 일상에서 부모의 잔소리가 기본값이 되는 상황을 만들지 말아야 합니다. 꼭 하고 싶은 말이 있다면 일상적인 공간인 집이나 아이의 방에서 하지 마세요. 시간을 내서 근교 카페나 기분 전환을 할 수 있는 공간에서 이야기하는 것이 좋습니다. 대화 중에도 아이의 말을 절대 끊어서는 안 됩니다. 아이가 하는 말이 답답하고 화가 나더라도 끝까지 들어주어야 합니다. 가장 가까운 가족이 자기를 지지하고 믿어준다고 생각하면 사춘기 아이는 자신감이 생겨나고 친구 관계에서도 자신을 드러내는 데 어려움이 없습니다.

사춘기 아이는 완벽한 성인이 아닙니다. 성인의 축소판이라고 생각하거나, 자신의 소유물이라고 생각한다면 아이와의 대화는 발전이 없겠지요. 혹은 반대로 어릴 적 아이의 얼굴을 떠올리며 말을 잘 들었던 아들딸만 그리워하고 있나요? 아이를 내 마음대로 변화시키고, 원하는 방향대로 가게 한다면 아이는 하나의 인격체로 제대로 성장하지 못합니다. 엄마의 인형이 될 뿐이지요.

아들의 일기장을
훔쳐본 날

저의 친정 아버지는 중학교 1학년에 당신의 아버지가 병환으로 돌아가시고 이후 어머니와 다섯 명의 동생을 거느린 장남으로 생계를 책임져야 했습니다. 어릴 때부터 공부와 일을 함께하면서 동생들을 시집 장가 보내고, 결혼해서는 자식들까지 모두 공부시켰습니다.

아버지의 교육관은 엄했지만 막내딸인 저에게는 한없이 너그러웠습니다. 해외 출장을 다녀오면 다른 형제들 것은 없어도 제 선물은 꼭 사 오셨지요. 덕분에 저는 풍요로운 어린 시절을 보냈습니다. 아버지는 미래에 대한 이야기를 많이 했습니다. 앞으로는 여성 상위의 시대가 온다며 제 책상에 독일 총리, 영국 여왕, 여성 의원 등 훌륭한 여성 지도자들의 사진을 붙여놓고 이런 사람이 되라고 말했습니다. 또 항상 최선을 다해 살아야 한다고 자주 이야기 하시곤 했습니다.

"다 너 잘되라고
하는 이야기야"

아버지의 영향을 받아 저는 무언가를 하면 열심히 하는 사람으로 자랐습니다. 현장에서 12년 동안 유치원 교사로 일하면서 공부해 4년제 학사학위를 따냈습니다. 곧이어 석사를 하며 대학에서 강의할 수 있는 기회를 얻었고, 연이어 박사 과정을 공부하면서 대학 강단에 서게 되었습니다. 그게 저에게 행복과 성취감을 가져다주었음은 물론입니다.

　제 나름대로는 배운 게 있으니 아들에게 공부를 강요하거나 하기 싫은 일을 시키지 않았다고 생각했습니다. 하지만 아들은 그렇게 느끼지 않았습니다. 제 입장에서는 아들이 악기 하나 정도는 배우면 좋을 거 같아 바이올린을 시키고, 수영은 남들도 다 하고 또 어릴 때 배우면 잊어버리지 않으니까 배우게 했습니다. 공부가 아니니까 부담을 주는 거라고는 생각하지도 못했습니다. 엄마 입장에서는 아이가 잘되었으면 해서 이야기하지만 아이의 입장에서는 다를 수 있습니다. 무언가를 해야 할 것 같은 부담감을 느낄 수 있다는 것을 잊지 마세요.

내 욕구를 강요하고
있는 건 아닌지 살펴야

아들은 무조건 "네", "알았어요", "알아서 할게요"라고 말하며 대화를 일축해버렸습니다. 그리고 뒤에서는 "맨날 잔소리야", "또 시작이야"라고 혼잣말로 중얼거렸지요. 저는 "너 지금 뭐라고 그랬니?", "도대체 무슨 생각을 하고 거니?"라는 말이 나오게 되었습니다. "다 너 잘되라고 하는 이야기야", "나 같은 엄마 없을걸?", "너를 사랑하니까 이런 말을 하는 거야"라고 말했고 그때는 그 말이 정말 아들을 위해 하는 말이라 생각했습니다. 지금 와서 가만히 생각해보면 상호작용이 되는 대화가 아니라 일방적으로 제 할 말만 한 것이었습니다.

부모가 5 정도의 강도라고 생각하고 말했다면 사춘기 아이는 100 정도의 강도로 받아들이고 상처를 받습니다. 이 간극을 이해하지 못할 때 아이와 엄마 사이는 한없이 멀어집니다. 저 역시 몰랐습니다. 저의 욕구는 그저 제 것이라는 걸 말이지요. 엄마가 느끼는 강도와 아이가 받아들이는 말의 무게가 다르다는 것을 깨달은 것은 사춘기 아들이 쓴 일기를 보았을 때였습니다.

엄마는 나에게 상처가 되는 말을 가끔한다. 그래서 어느 순간부터는 아예 엄마와 말을 하지 않아야겠다고 결론을 내렸다. 엄마가 옆에 있을 때는 아예 입을 닫았다. 이야기를 해봤자 나에게 스트레스만 될 뿐이니 그냥 침묵하고 내 방으로 걸어 들어가는 편이 낫다.

일기를 보았을 때 놀라기도 슬프기도 했습니다. 저의 의도는 아들을 힘들게 하려는 것이 아니었습니다. 아들에게 속마음을 이야기하지 않아도 당연히 알 거라고 생각한 게 큰 착각이었던 것이지요. 사춘기 아이를 둔 엄마라면 자신의 욕구를 아이에게 잘 전달하는 방법을 배워야 합니다. 하지만 대부분의 엄마들이 '아이가 알겠지' 하고 지레 짐작하면서 결과에만 집중하는 경우가 많습니다. 엄마도 감정을 표현해야 아이가 그 감정을 알게 되고, 아이도 자신의 감정을 표현합니다.

학년이 높아질수록 엄마들은 더 민감합니다. 특히 기간 내에 과제를 내지 못하면 대학 입학 시 패널티 요인으로 작용하기에 일일이 잔소리를 하게 되지요. 하지만 아이는 모릅니다. 엄마가 왜 답답하고 걱정되고 화가 나는지 말이지요. 그저 엄마의 말에 아이는 자신이 받는 상처만을 생각합니다. "엄마는 네가 이렇게 행동하면 불안해", "엄마도 엄마가 처음이라 잘 몰라, 내가 부족한 게 뭔지 알려줄 수 있어?", "엄마가 어떻게 했을 때 화가 나?", "엄마가 지금 감정이 올라오고 있어. 조금 있으면 화가 터질지 몰라"라고 말해보세요. 중간중간 엄마의 마음 변화가 생기면 그것도 이야기해주세요. 엄마의 감정을 현명하게 드러낼수록 엄마의 마음을 이해한 아이는 바르게 성장합니다.

애착을 점검할 수 있는
마지막 시기

사춘기는 제2의 애착형성기라고 볼 수 있습니다. 유아기에 받아야 했던 애착과 사랑이 부족했을 때 사춘기를 더욱 민감하게 보내기 때문이지요. 성장하면서 아이가 남모르게 받아온 억울함, 분노, 차별 등이 이 시기에 다양한 방법으로 표출됩니다. 저와 아들 사이에도 관련된 일이 있었습니다.

아들이 중학교 2학년이던 여름방학 어느 날이었습니다. 제 친구와 친구의 아들이 집으로 놀러 왔습니다. 친구의 아들은 이제 겨우 초등학교 4학년이었고, 저는 손님 대접으로 분주했습니다. 낯설어하는 친구 아들의 긴장을 풀어주기 위해 음식을 준비하면서도 한마디라도 말을 더 걸며 관심을 쏟았습니다. 그렇게 즐거운 시간을 보낸 뒤 친구와 친구 아들은 돌아갔습니다.

문제는 여기서부터입니다. 손님이 떠난 뒤 아들이 갑자기 자기 방에 들어가더니 흐느껴 우는 게 아닌가요. 도무지 알 수가 없었습니다. 덩치는 친구 아들보다 두 배나 큰 녀석이 울면서 "엄마는 언제나 그랬어. 항상 나는 뒷전이지"라고 이야기하는 것입니다.

저는 놀라지 않을 수 없었습니다. 아들은 제가 신혼 6개월 만에 위암에 걸리고 항암치료를 2년 한 뒤 만난 귀하디 귀한 자식이었습니다. 제 인생에 자식은 없을 줄 알았는데 축복처럼 생긴 아이라 늘 애지중지했다고 생각했습니다. 그런 아들이 계속해서 울었습니다. "엄마는 내가 어렸을 때부터 나보다는 항상 남을 먼저 챙겼어. 다른 애들이 모두 엄마 아들인 것처럼!" 하면서 서럽게 울었습니다.

잠깐 동안 지난 과거를 되돌아보았습니다. 아들과 함께 엘리베이터를 탔을 때 아들보다 더 어린아이가 타면 "너무 예쁘네. 몇 살이에요?"라며 꼭 물어보았던 기억이 났습니다. "항상 엄마는 내가 1번이 아니었어!"라고 서럽게 우는 아들을 곧바로 달랬지만 분위기는 심상치 않았습니다. 왜 엄마는 다른 아이들만 보면 자기를 뒷전으로 하고 관심을 주지 않느냐고 따져 물었습니다. 사춘기 아들은 놀랍게도 10년 가까이 지난 그때를 생생하게 기억하고 있었습니다. 아들은 엄마가 그럴 때마다 엄마의 사랑이 다른 아이한테 전부 가는 것 같아 속상했다고 털어놓았습니다.

영유아기에 생긴
감정의 구멍

사실 아들은 어릴 때 외할머니와 친할머니의 돌봄을 주로 받았습니다. 일하는 엄마로서 저는 늘 최선을 다했다고 생각했지만 아들은 온전히 엄마와 함께 지내고 싶고, 온전히 엄마의 사랑을 받기를 원했는데 그렇게 느끼지 못한 것이지요.

아들은 어릴 적 항상 레고나 로봇을 가지고 놀았던 기억이 난다고 말했습니다. 운동회나 학부모총회부터 발표회까지 부모가 함께하는 학교행사나 학원행사는 일을 빠지더라도 대부분 참석했었습니다. 저는 최선을 다했다고 생각했기에 아들에게 전혀 감정적 구멍이 없을 거라고 생각했는데 그렇지 않았나 봅니다. 이야기를 나누어보니 아들의 그 시절 쓸쓸함이 느껴졌습니다. 자기만 온전히 바라보지 않는 엄마에게 느끼는 감정적 구멍이 있었을 거라고 추측했습니다.

돌이켜보면 어릴 때 "엄마, 엄마" 하고 부르면 저는 "응, 왜?" 하면서 직접 아들의 얼굴을 보는 것보다 강의나 학교일에 몰입되어 본론을 빨리 말하길 기다렸던 것 같습니다. 아들이 요구하는 바가 있어도 "어, 알았어. 엄마가 빨리 설거지 끝내고 갈게"라고 가끔은 말한 기억이 나네요. 엄마 입장에서는 최선을 다했다고 생각하지만 아이 입장에서는 어린 시절의 감정의 구멍이 자리하고 있을 수 있습니다. 아이들은 생각보다 작은 부분에 서운함을 느끼지요. 저희 아들 역시 어릴 적 작은 서운함들이 있었을 것입니다. 사춘기에 이런 이야기를 충분히 나누어야 합니다.

엄마의 양육이
잘못된 게 아니다

영유아 시기에 애착이 중요하다는 말을 많이 들었을 것입니다. 만약 그때 채우지 못한 작은 구멍이 있다면 아이와의 관계에서도 서운함이 나타날 수 있습니다. 비록 몸집은 어른에 가깝지만 아직은 아이라서 엄마와 아이 사이 생겨난 감정적 구멍을 사춘기에도 충분히 메울 수 있습니다.

저는 아들이 속사포처럼 쏟아낸 솔직한 말을 듣고 난 후, 아들을 12개월 아기라고 생각하기로 했습니다. 그때 넘치도록 주지 못했던 공감과 시간을 충분히 주려고 노력했지요. 아무런 목적 없이 함께 누워 이런저런 수다를 떨며 시간을 보내기도 하고, 하루 종일 아들이 하는 행동에 눈을 떼지 않아도 보았습니다. 아들은 다 컸지만 여전히 엄마의 사랑을 온전히 자신만의 것으로 느끼고 싶어 하는 것 같았습니다. 마치 어릴 적 미처 표현하지 못했던 자신의 서운함을 온몸으로 드러내는 것 같았습니다.

늘 불만이고, 투덜거리고, 짜증 내는 아이를 볼 때 "왜 저럴까?" 하면서 잔소리를 늘어놓기보다 '내가 모르는 상처가 있었구나. 아이가 느끼는 부족함을 이제라도 채워줘야겠다'라고 생각해야 합니다. 사춘기에 돌입해 입을 닫는 아이에게 꾸중하거나 잔소리하기보다 언제 엄마의 사랑을 받지 못한다고 느꼈는지, 누군가와 비교해서 슬펐던 적은 없었는지 등을 되짚어보며 신뢰 관계를 회복하세요. 감정의 실타래를 함께 살살 풀어나가다 보면 다시 곱고 착한 어릴 적 나의 아들딸의 얼굴을 볼 수 있을 것입니다.

사춘기라도 늦지 않았습니다. 과거의 일 중에서 서운한 일에 대해 마음을 나누고 풀어가면서 마치 다시 어린 시절로 돌아간 것처럼 생활해보면 훨씬 관계가 좋아질 것입니다. 자녀가 부모의 사랑을 느낄 수 있도록 하려면 가슴에 맺힌 응어리가 없어야 합니다. 부모가 모르는 아이의 슬픈 감정을 사춘기에 보듬어주고 치유해주어야 합니다.

그동안의 양육이 잘못된 것이 아닙니다. 지금까지 충분히 잘해오셨습니다. 다만 아이는 엄마와 하나인 존재가 아니기에 아이에게 마음의 상처가 생겨도 엄마가 모를 수 있습니다. 아이가 성인이 되기 전에 그 구멍을 알게 된 것을 행운으로 여겨야 합니다.

사춘기야말로 아이와 부모의 관계를 끈끈하게 만들 수 있는 마지막 기회입니다. 일하느라 아이를 직접 양육하지 못해서 생긴 감정적 구멍은 없는지, 학습적인 면만 강조해서 정서적 교류가 잘 이루어지지 않은 건 아닌지, 몸이 건강하지 못해서 아이와 많이 놀아주지 못한 건 아닌지 과거로 돌아가 두루두루 점검해 보세요. 엄마에게 주어진 마지막 애착 형성의 시기인 사춘기를 제대로 활용해야 할 때입니다.

전문가 상담을
적절히 활용하자

저는 아들이 어릴 때부터 미술치료나 놀이치료를 자주 이용했습니다. 아들뿐 아니라 저도 부모 상담을 자주 받았습니다. 별도의 심리상담센터를 찾아가지 않더라도 복지관, 지역주민센터의 프로그램을 잘 찾아보면 무료로 이용 가능한 것들이 많습니다. 상담을 받고 나면 답답한 속이 후련해지고 무엇이 문제인지도 객관적으로 파악할 수 있었습니다.

아들이 사춘기에 들어서고도 중간중간 상담을 자주 받았습니다. 아무리 제가 교육학을 전공했다고 하더라도 내 아이를 객관적으로 이해하는 것은 힘든 일이었습니다. 중학생 아들이 엄마에게 받지 못한 사랑에 대한 서운함을 털어놓은 이후 저는 아들과 함께 자연스레 상담센터를 찾았습니다.

아들보다 길어진
엄마의 상담

먼저 선생님과 아들이 한 시간 정도 상담을 했습니다. 그리고 제 차례가 되었습니다. 조금 두려움이 밀려왔지요. 혹시 '내가 잘못 키웠다고 하면 어쩌지?' 하는 걱정이 슬며시 들었습니다. 선생님은 아들에게 가족을 동물로 표현해보라고 했더니 엄마를 사자로 그렸다고 했습니다. 엄마를 커다랗고 위엄 있는 존재라고 생각하는 거라고 말했습니다. 또 엄마는 항상 다른 사람이 우선이었고, 자기를 사랑하지 않는 것 같다고 했습니다. 그러나 이런 감정을 표현할 수 있다는 사실은 매우 좋은 현상이라고 이야기했습니다. 저는 안도의 한숨을 쉬었습니다. 아들도 한 시간 동안 자신의 속마음을 선생님께 털어놓고 나니 훨씬 가벼워진 듯 보였습니다.

선생님은 아이에게 잔소리를 많이 하냐고 물어보았습니다. 저는 그렇다고 답했습니다. 아이에게 잔소리하는 것은 유독 한 가지입니다. 좋은 음식을 먹어야 한다는 것이었습니다. 제가 암 투병을 한 적이 있기에 "이런 거 먹으면 건강에 좋지 않아"와 같은 말을 자주 했는데 선생님은 그런 말과 행동을 줄여야 한다고 조언했습니다. 일어나지도 않은 일에 과도한 불안감을 조성하기 때문이라고 했습니다. 특히 사춘기에는 주변의 영향을 많이 받기 때문에 불필요한 감정에 동요되지 않게 주의해야 한다고 덧붙였습니다.

　아이가 사춘기에 엄마는 갱년기 나이에 접어듭니다. 저 역시
그 당시 갱년기 증상으로 밤에는 잠을 설치고 낮에는 작은 일에
도 화가 나는 상태여서 불안한 감정을 아들에게 많이 노출했습
니다. 선생님은 엄마가 불안한 감정을 드러내면 아이는 그 감정
을 고스란히 흡수한다고도 말했습니다. 길어질 줄 알았던 아들
의 상담은 의외로 두 번으로 끝났습니다. 조금 더 상담을 권유받
은 것은 오히려 저였습니다.

중이 제 머리
못 깎는다

시험이 끝난 어느 주말 저는 집에서 아들을 편히 쉬게 하고 함께
벚꽃 구경도 갔습니다. 한강공원에서 맛있는 것을 먹고 시내에
서 쇼핑도 했지요. 아들은 조심스럽게 속마음을 내비쳤습니다.
"엄마가 이런 거 한 번 해보면 어때? 하고 물으면 꼭 해야 한다고
말하는 것처럼 들려요."

　저는 성적 때문에 혼을 내지도 않고 더 좋은 성적을 받아오라
고 강요하지도 않았는데 아들이 받아들일 때는 더 강하게 느껴
지는 것 같았습니다. 직접적으로 말하지는 않았지만 조급한 저
의 마음이 아들에게 고스란히 전해졌기 때문일 것입니다. 저는

분명히 아들에 대한 욕심도 있었고 마음이 분주했습니다. 아들과 멀리 떨어져 있어 자주 볼 수 없고 대화도 깊이 하지 못하니 더 아들을 잘 관리해야 한다고 생각했나 봅니다.

짧은 방학을 마치고 제주도로 아이를 보내면서 학교 근처 가까운 상담소에 실장님을 연결해 놓았습니다. 그 후 아들은 제주도에 있으면서 친구 관계에 어려움이 있거나 스트레스를 받는 일이 있으면 편안하게 상담소를 찾아갔습니다. 이런저런 이야기를 나누면 마음이 편안해지고 자신의 말에 공감을 해주니 참 좋다고 했습니다.

상담을 어렵게 생각하지 않았으면 합니다. 마음과 정신에 문제가 있어서 가는 게 아니라 자기 자신을 객관적으로 바라보며 자신을 아껴주고 존중할 수 있도록 가는 곳입니다. "중이 제 머리 못 깎는다"라는 속담처럼 때론 자신의 문제를 타인이 봐야 제대로 보이기도 합니다. 지금 사춘기 아이와의 끝이 보이지 않는 갈등으로 어려움이 있다면 편안한 마음으로 전문가 상담을 한번쯤 받아보시길 권합니다.

여행으로
아이의 마음을 읽자

아들의 학교에서 방학이 시작되자마자 우리 부부는 뉴욕에 가서 아들이 좋아하는 영화나 예술 등에 대해 탐색하기로 마음먹었습니다. 그런데 우리가 기대한 것과 달리 아들의 반응은 몹시 차가웠습니다. "왜 또 뉴욕 가서 학교 보려고? 놀러 가는 게 아니라 꼭 숙제하러 가는 거 같아. 나는 절대 안 가" 하며 방으로 들어갔습니다. 이제 나이가 있으니 어릴 때처럼 맛있는 걸 사주겠다, 기념품을 사주겠다 등의 감언이설로 아들을 움직이는 것은 한계가 있었습니다. 아들은 엄마처럼 여행하는 게 싫다고 했습니다. 온갖 유적지를 다니면서 하나라도 더 공부하려고 해서 꼭 여행이 수업처럼 느껴진다고 했습니다.

아들의 말을 듣고 처음으로 제 여행 방식에 대해 생각해보았습니다. 제 MBTI는 ESTJ입니다. 성취 지향적이고 책임감이 강해 어떤 일이든 조직하고 성과를 내는 것에 행복감도 느끼곤 했습니다. 아들의 MBTI는 ISFP입니다. 예술가적 성격을 지니며 감정이 발달해 다른 사람의 마음도 잘 이해하는 편이었지요. 저와 아들이 다르다는 사실을 알고는 있었지만 여행을 바라보는 관점마저 다르다는 것은 미처 몰랐습니다. 우리는 가끔 착각을 합니다. 제가 낳았으니 저와 생각이 같겠지 하고 말입니다.

여행지는
아이가 원하는 곳으로

저는 아들과의 여행을 통해 많은 대화를 나누고 싶었습니다. 이제 곧 입시생이니 동기부여가 될 만한 대학을 탐방해보고 싶었던 것도 사실입니다. 하지만 아들의 반응이 이러니 결국 무산되었고 새로운 여행지로 하와이를 선택했습니다. 우리는 모두 각각 회사에, 일에, 공부로 열심히 살고 있었습니다. 그래서 이번엔 가족회의를 통해 특별한 무언가를 하지 않으면서 놀고 쉬는 여행을 해보기로 다짐했습니다.

자기 마음에 꼭 드는 여행이라 설레서 그랬을까요? 아들은 비행기 안에서부터 말문이 터졌습니다. 그동안 제가 얼마나 일방적인 결정과 대화를 했던 것인지 새삼 느끼게 되었지요. 아들은 초등학교 5학년 때 캐나다로 여름캠프를 갔을 때 영어를 알아듣지 못해 힘들었고 엄마와 떨어져 있어서 무척 슬펐다고 말했습니다.

저는 아들이 친구와 함께 가니 큰 어려움이 없을 것이고, 한 번쯤 짧은 캠프를 다녀오는 게 좋은 경험이 될 거라고만 생각했습니다. 당시 아들의 어려움을 깊이 고려해보지 못했지요.

저는 왜 그때 이야기하지 않았냐는 채근 대신 비행기 안에서 아들의 두 손을 꼬옥 잡고 엄마가 정말 미안했다고 사과했습니다. 그리고 네가 원치 않으면 절대 널 미국에 보내지 않을 거라고 약속했습니다. 그날 밤 저는 머릿속에 많은 생각이 스쳐 지나갔습니다. 아들의 마음과 성향에 대해 이렇게 몰랐다는 사실에 미안했습니다. 아니, 가장 잘 안다고 착각하고 있었지만 실은 하나도 알지 못했던 것입니다.

닫힌 마음을 여는 데는
장소의 변화가 필요하다

하와이에 도착하니 아들은 현지인과 영어로 술술 이야기했습니다. 렌터카를 빌리는 일, 호텔에서 원하는 방을 말하고 얻는 일 등에서 막힘이 없었습니다. 아들의 얼굴에 자신감이 넘쳤지요. 사실 아들은 집에서는 절대 영어로 말하지 않았습니다. 가끔 가다 영어로 이야기해보라고 하면 전혀 입을 떼지 않는 모습에서 영어 실력이 저조한 줄로만 알고 있었습니다. 아들은 제가 "너 영어 그거밖에 못해? 국제학교도 다니는데?"라고 말할까 봐 걱정되어서 말하지 않았다고 했습니다. 저는 절대 그런 생각을 한 적이 없습니다. 아이들은 엄마가 말로 표현하지 않아도 느낌이나 감정에 민감해 자신의 경험을 토대로 예측하는 것 같습니다.

여행 첫날, 아들과 우리 부부는 푹 자고 먹고 쉬었습니다. 그랬더니 3일째에는 아들의 얼굴에 편안함이 자리 잡았습니다. 4일째에는 헬리콥터를 타러 갔습니다. 아들이 평소 관심 있었던 일이었지요. 힐끗 본 아들의 얼굴은 모유를 먹을 때 보았던 순수하고 해맑은 표정으로 변해 있었습니다. 저도 마음에 평안함이 밀려왔습니다. 앞 좌석에서 헬리콥터 기사와 영어로 이야기하는 아들의 모습을 뒤에서 지켜보는데 세상이 다 내 것 같았습니다. 아들과 저 사이를 가로막고 있던 장벽이 모두 허물어진 느낌이었지요.

날이 갈수록 아들의 자신감은 넘쳐났습니다. 유명한 햄버거 집에 가서 매장 점원들과도 유쾌하게 이야기를 주고받았습니다. 그때까지 저는 공부에 대한 이야기는 일절 하지 않았습니다. 그동안 너무 고생했다면서 "너는 그냥 그 자체로 엄마 아빠에게 소중한 아들이야"라고 말해주었습니다. 그러자 6일째에 아들은 학교 친구들과의 일화부터 선생님, 지금 하는 공부에 대한 자신의 마음을 드러냈습니다. 집에서는 절대 하지 않는 이야기를 여행지에서 하기 시작한 것이지요.

아이가 문을 잠그고 부모와 이야기하려 하지 않을 때는 장소의 변화가 필요합니다. 꼭 해외가 아니더라도, 꼭 여행을 가지 않더라도, 일상에서 사용하는 장소를 벗어나 새로운 경험을 해보는 것만으로도 아이의 감정은 환기가 되기 때문입니다. 학생이 공부를 하는데 (게다가 엄마 눈에는 열심히 하는 것 같지도 않은데) 뭐가 그렇게 스트레스냐고 면박을 주어서는 안 됩니다. 우리 역시 일하는 엄마든 아니든 엄마의 자리에서 역할을 다하는 것만으로도 힘들지 않던가요? 아이도 자기 자리에서 역할을 다하기 위해 애쓰고 있는 중이니, 아이의 마음을 읽어주세요. 사춘기 아이의 스트레스는 엄마의 따뜻한 손길에 녹아내립니다.

💬 이토록 다정한 **엄마의 말 연습**

X	넌 왜 맨날 쓸데없는 것을 하니?
O	물론 너의 마음과는 다르겠지만, 엄마는 네가 이렇게 해주길 바라. 네가 시험 기간인데 다른 행동을 하면 엄마는 시간이 없는데 왜 저런 걸 할까? 하는 생각이 들어서 네게 기분 나쁘게 이야기하는 거 같아. 엄마도 이제부터 궁금하면 네가 뭘 하는지 상냥하게 물어볼게. ○○이도 엄마에게 이야기해줄 수 있지?
X	도대체 너는 나중에 뭐 하려고 그래?
O	엄마는 네가 학생이니 학생으로서 할 일을 해나가며 좋은 어른으로 성장하면 좋겠어. 그런데 계속 게임만 하거나 핸드폰만 보면 엄마 마음이 불안해지거든. 그러다 보면 네게 안 좋은 말을 하게 되서 기분을 상하게 하는 거 같아. 앞으로는 엄마도 엄마의 감정을 좋게 표현해보도록 노력할게. ○○도 엄마에게 어떤 일을 하고 싶고 어떤 일을 할 때 재미있는지 이야기해주면 좋겠어. 엄마는 계속 너를 응원할게! 필요한 게 있으면 엄마한테 언제든지 말해줘.
X	도대체 왜 엄마한테 화를 내는지 모르겠다.
O	엄마는 가끔 엄마가 뭘 잘못했는지 모르겠을 때가 있어. 뭐가 너를 그렇게 화나게 하는지 네 마음을 솔직하게 이야기해줄 수 있어? 엄마도 엄마가 처음이라 부족할 거야. ○○도 엄마를 이해하고 함께 노력해보면 어떨까?

5장

입시와 진로 사이, 엄마가 반드시 해야 할 일

사춘기의 꿈과 진로

진로가 먼저일까?
입시가 먼저일까?

진로進路는 '앞으로 나아갈 길'을 의미합니다. 대학 진학부터 취업 그리고 미래의 최종 목표까지 모두 포함됩니다. 그런데 언제부터 아이에게 진로 이야기를 하는 것이 좋을까요?

저는 빠르면 빠를수록 좋다고 생각합니다. 아이가 아주 어릴 때는 부모가 아이를 세밀하게 관찰해야 합니다. 말이 빠른 아이, 만들기를 잘하는 아이, 탐색을 잘하는 아이, 악기를 잘 다루는 아이, 창의적인 생각을 해내는 아이, 과학적 사고를 좋아하는 아이, 운동을 좋아하는 아이, 책을 좋아하는 아이 등 관찰하다 보면 아이의 재능과 관심사가 보일 것입니다. 부모는 아이가 관심을 보이는 분야를 체험할 수 있게 도와주고 아이 스스로 그 안에서 실패와 성공을 맛볼 수 있게 해야 합니다. 이 과정이 없으면 아이는 그저 환상에 사로잡혀 막연하고도 맹목적으로 꿈을 꾸기 쉽습니다. 경험해보는 과정에서는 조금 힘들다고 바로 그만두게 하지 말아야 합니다. 한 가지 활동을 꾸준히 해보는 연습을 해야 그 속에 담긴 진짜 재미를 찾을 가능성이 높아집니다.

빠르면 빠를수록 좋은
진로 대화

중간에 그만두지 않고 하는 데까지 해보는 연습은 아이에게 성취감과 자신감을 가져다줍니다. 이런 과정을 통해 아이의 진로는 결정되는 것이지요. 동시에 어떤 일이든 노력 없이 열매만 얻을 수 없다는 진리도 깨닫게 됩니다.

입시入試에 대해서는 언제부터 아이와 이야기해야 할까요? 입시는 입학생을 선발하기 위해 지원자들에게 치르도록 하는 시험을 말합니다. 한국에서는 수학능력시험을 뜻하지요. 수능에서는 아이의 특성이나 장점을 드러낼 수 없습니다. 잘하는 과목만 골라 시험을 볼 수도 없습니다. 입시에 최적화된 공부만 한다면 스스로 무엇을 좋아하는지 모르는 성인이 될 가능성이 큽니다. 어디로 나아가야 할지를 모르니 좋은 대학에 진학했더라도 미래를 불투명하게 느끼고 방황하기 일쑤입니다.

물론 공부에 재능이 있어 서울대를 가고 싶다고 포부를 밝히는 아이에게 진로를 먼저 생각해보라고 강요할 필요는 없습니다. 공부를 정말 좋아한다면 교수나 박사 등 관심 분야를 연구하는 학자로 진로를 잡으면 됩니다. 제가 말하고 싶은 바는 아이가 무엇을 좋아하는지 찾을 기회도 주지 않고 입시부터 준비하게 하지는 말아야 한다는 것입니다. 다른 친구와 아이를 비교해서 공부하게 만드는 방법도 좋지 않습니다. 적당한 경쟁은 아이에게 득이 되지만, 좋아하지도 않고 관심도 없는 분야에서의 과도한 비교는 부모 자녀 사이를 멀어지게 할 뿐입니다.

입시는
진로를 향해 가는 길일뿐

더 멀리 봐서 공부를 잘해 좋은 대학에 들어간다고 모두가 좋은 직업을 갖고 행복한 것도 아닙니다(물론 확률을 높여주기는 합니다). 저의 고등학교 단짝 친구들은 모두 공부를 잘했습니다. 한 명은 서울대 불문과에 진학하고 다른 한 명은 연세대 국문과에 진학했지요. 그런데 전교 1, 2등을 다투는 화려한 삶을 살았던 친구들은 지금은 결혼을 해서 한 명은 전업주부로 살고 있고, 다른 한 명은 프리랜서 번역가로 살고 있습니다. 반면 저는 전교 1, 2등이 아니었어도 대학 졸업 후 박사까지 밟으며 교수가 되었습니다. 이것이 스스로 자기가 무엇을 좋아하는지 고민해본 사람과 그렇지 않은 사람의 차이라고 생각합니다.

저는 어릴 때부터 끊임없이 좋아하는 일이 무엇인지 생각했습니다. 독후감 대회에 나가는 걸 좋아했고, 일기 쓰기와 글쓰기 숙제는 빠짐없이 해가서 늘 선생님께 칭찬을 받았습니다. 다른 사람과 이야기하는 것도 무척 좋아했습니다. 그래서 저는 지금 학생들을 가르치는 일에 만족하면서 살고 있지요.

진로와 입시 중 어느 것이 더 중요하다고는 말할 수 없습니다. 각각 의미가 다르기 때문입니다. 다만 선행해야 하는 것은 진로를 탐색하는 일이라고 분명히 말할 수 있습니다. 나아갈 방향을 잡고 학습해야지 자신이 원하는 꿈에 가까워지기 때문입니다. 다시 말해 입시는 진로를 향해 가는 선상에 있는 하나의 과업인 것입니다.

오늘부터라도 "숙제 했니?", "수학 문제집 풀었니?", "오늘 단원평가 잘 봤니?"라고 묻지 말고 아이의 관심사를 물어보세요. 아이에게 공부 안 한다고 한심하게 볼 게 아니라 그 안에서 아이에게 도움이 될 길을 찾아보세요. 그렇게 아이 인생의 큰 그림을 그려보세요. 엄마와 아이 두 사람이 배의 선원과 선장이 되어 대화를 나누다 보면 어느새 배는 원하던 방향으로 나아가고 있을 것입니다.

불안한 엄마
태평한 아이

제가 아는 서진이 엄마는 아이가 어릴 때는 체험 위주로 교육했습니다. 문제는 중학교에 들어가고 나서 나타났습니다. 8학군에 살던 서진이는 중학생이 되면서 성적이 기하급수적으로 떨어지기 시작했습니다. 불안한 엄마는 점점 서진이에게 소리를 지르며 잔소리를 하는 날이 많아졌습니다. 서진이는 공부는 물론 친구 관계에서도 소극적으로 변했고 자신감을 잃었습니다. 해맑게 웃던 얼굴도 더 이상 찾아볼 수 없었지요. 아빠마저도 오랜 회사생활에 번아웃이 와서 집안 분위기는 그야말로 살얼음판이었습니다. 도저히 이렇게는 살 수 없다고 생각한 서진이네는 지방 소도시로 이주하기로 결심했습니다.

　이사를 간 후 서진이네 가족에게 평화는 빠르게 찾아왔습니다. 가족은 조금 덜 벌고, 조금 덜 쓰는 삶을 삽니다. 서울에 있을 때는 아파트 대출금, 사교육비, 생활비로 늘 빠듯한 일상을 살았는데 지방에서 욕심을 버리고 사니 여유로운 삶이 가능했습니다. 서진이 아빠는 지방에 있는 작은 회사에 취직했습니다. 서진이 엄마는 한때 아이가 SKY대학에 가는 걸 꿈꾸었지만 이제는 아이의 특성과 재능에 맞는 일을 찾아주기 위해 많은 일을 경험하게 하고 아이와 깊은 대화를 나누고 있습니다.

나도 모르게
조급해지는 교육 환경

우리나라는 OECD국가 중 출산율이 가장 낮습니다. 부부가 아이를 낳아 키우는 데 들어가는 비용과 노력이 특별히 많기 때문이겠지요. 다시 말해 아이를 낳으면 교육하고 성장시키는 책임이 온전히 부모에게 있다는 뜻입니다. 여기에 필요한 것은 헌신적인 사랑뿐 아니라 경제적 여건도 포함되지요.

　그렇게 아이를 낳고 나면 대학입시를 위해 부지불식간에 달리게 됩니다. 그렇게 하지 않겠다고 마음을 먹어도 경쟁이 심한 우리나라 교육, 저조한 취업률을 냉정하게 바라보다 보면 옆집 아이가 달리는데 가만히 있을 수가 없습니다. 밤 10시가 되면 노란색 학원 셔틀버스가 좁은 골목길을 비집고 들어가는 진풍경이 여기저기서 펼쳐집니다. 아이들은 학교에서, 학원에서 아침부터 저녁까지 열심히 공부하지만 그렇다고 좋은 대학에 들어간다는 보장은 어디에도 없습니다.

인터넷, AI의 등장으로 세상은 빠르게 변하고 있는데 교실 속 아이들의 모습은 부모들이 겪은 예전과 다르지 않다는 사실도 부모를 사교육에 눈 돌리게 합니다. 여전히 교과서에 얼굴을 파묻은 채 수업을 받고 있고 창의성이나 디지털과는 거리가 먼 환경에 놓여 있습니다.

부모는 이러한 현실 앞에서 초조합니다. 아이가 태평해 보일수록 부모의 마음은 불안합니다. 저는 우리나라의 교육 현실이 싫어서 아들이 더 자유로운 교육을 받게 하겠노라고 다짐했었습니다. 하지만 입시가 다가오니 저도 보통의 엄마들과 다르지 않았습니다. 자꾸만 대학에 욕심이 생겼지요.

아이가 힘들어하는 만큼 아이를 보는 부모의 답답한 마음도 끝이 없습니다. 제게 상담을 온 한 엄마는 "차라리 제가 공부를 하면 정말 잘할 수 있을 것 같아요. 대신 대학을 가주고 싶을 정도예요"라고 말했습니다. 오죽하면 그런 마음이 들까요. 하루는 아들이 이번 수학 시험에서 점수가 안 나오면 정말 큰일이라고 했습니다. 저 역시 마음속으로 불안했지만, 아들 앞에서는 태연한 척을 했습니다. 아들은 밤을 새워 과외 선생님과 새벽까지 공부하고 최선을 다했습니다. 그 모습을 보며 대견한 마음도 잠시 교육에 대한 생각을 다시 하게 되었습니다. 대학입시 교육에 맞추어 좀 더 좋은 대학에 보내기 위한 엄마들의 욕심은 점점 커져가고 있는 게 아닌가 생각되었습니다.

무엇이 더 소중한지
깊이 생각해보자

부모가 학업만 지나치게 강조하고 공부가 부족하다는 사인을 계속 주면 아이는 당연히 자신이 못난 사람이고 이 세상에 태어난 귀한 존재임을 부정하게 됩니다. 성적이 좋아야 엄마한테 인정받을 수 있다고 생각합니다. 우리는 모두 태어난 순간부터 존중받아 마땅한 고귀한 존재인데도 불구하고 말이지요. 사춘기는 자기가 소중한 존재이며 이 땅에 태어나서 사회적 가치에 기여하는 존재임을 확인하는 시기인데, 이 과정에서 올바른 정체성이 확립되지 않을 가능성이 커지는 것이지요.

부모가 이루고자 하는 것을 아이한테 투영하지 마세요. 아이는 그 목표를 달성하지 못하면 스스로를 이 세상에서 필요하지 않은 존재로 여기기 쉽습니다. 사춘기 아이에게는 다음과 같은 말을 꼭 해주어야 합니다. "네가 공부를 잘하고 못하는 것은 중요하지 않아. 너는 엄마 아빠에게 존재만으로도 가치 있는 아이야. 엄마는 너를 충분히 기다릴 거야. 천천히 가도 돼. 각자 신발 크기가 다르고 얼굴도 키도 다른 것처럼 이 세상 모든 사람은 서로 다른 점을 가지고 있어. 빨리 가는 사람이나 늦게 가는 사람이나 모두 귀하고 소중한 존재야. 늦게 간다고 잘못되는 것은 없어." 이렇게 존재 자체에 관해 자꾸만 이야기해주어야 합니다.

외부 환경에 휘둘려 아이에게 모진 말을 하는 부모가 되지 마세요. 부모의 욕심으로 아이를 평가하지 마세요. 존재 자체만으로도 귀중한 내 아이의 장점을 다시 한번 찾아보는 노력을 하길 바랍니다. 아이가 가진 보석을 발견하는 기쁜 날이 틀림없이 올 것입니다.

사춘기일수록
실패를 경험하게 하자

나보다는 좀 더 나은 삶을 살기를 바라는 것은 아이를 둔 모든 엄마의 마음일 것입니다. 자식이 내가 간 길처럼 돌이 많은 길을 가지 않았으면 하는 것이지요. 엄마는 아이가 실패를 경험하지 않기를 바라고, 고생하지 않기를 바랍니다. 그러나 사춘기 아이는 실패를 자주 경험해야 합니다. 실패는 성공의 어머니란 말이 있듯이 우리 삶에서 실패는 결코 나쁜 경험이 아닙니다. 실패해본 경험이 있어야 앞으로 나아갈 수 있습니다.

저는 사춘기 아들을 보면서 깨달았습니다. 실패는 능동적인 학습 효과를 낼 수 있다는 사실을 말이지요. 그 뒤로 저는 마음먹고 아들의 실패를 격려했습니다. 물론 아들은 작은 실패 앞에 힘들어했습니다. 그러나 점차 실패의 경험이 쌓일수록 어떻게 하면 실패를 하지 않는지도 깨닫는 것 같았습니다. 또한 그 노력 끝에 얻은 성취는 아들의 자신감을 크게 키워주었습니다.

하고 싶은 걸 하면서
실패하는 경험은 소중하다

하루는 아들이 학교 농구팀에 들어가고 싶어 했습니다. 워낙 잘하는 아이들이 많으니 내심 자기가 팀에 못 끼면 어쩌나 고민하는 듯했지요. 그 후 아들은 밤마다 농구 골대 앞에서 연습을 했습니다. 골대를 향해 공을 던지는 행동을 수차례 반복하는 아들은 몰입과 갈망으로 반짝이고 있었습니다. 그러더니 어느 날 아들이 말했습니다. "엄마, 제가 농구를 그렇게 잘하지는 못하는데요, 연습을 하면 할수록 이상하게 농구가 재밌어요. 끝까지 한번 도전해보고 싶어요. 만약 이번에 못 들어가면 다음 번에 도전하면 되니까요."

저는 아들의 눈빛이 빛나는 것을 보며 바로 이거구나 하고 무릎을 탁 쳤습니다. 그동안 저는 아들을 품에 끼고 내려놓지 못했던 것 같습니다. 아직 어리니까, 내 손이 안 닿으면 안 되니까 등 다양한 이유를 대며 아들의 손과 발이 되길 자처했던 것 아닐까요? 특히 투병 끝에 어렵게 낳은 아이라 너무나 귀하고 소중해서 독립성을 길러주겠다는 생각보다 부족한 게 없이 키워야겠다는 생각이 많았던 것 같습니다. 아낌없이 주는 사랑과 더불어 많은 실패의 경험 속에서 혼자 스스로 설 수 있는 힘을 길러주는 것이야말로 진정으로 부모가 해야 할 일입니다.

아이에게
결핍을 돌려주자

요즘 엄마들의 마음은 아마 저와 비슷할 것입니다. 그런데 그동안 부족함 없이 받아온 아이는 사춘기가 되면서 그 모든 것은 부모가 준 사랑이라고 생각하지 않고 당연히 받아야 할 권리라고 착각하곤 합니다. 고마워하고 자기가 존중받고 있다고 생각하기보다 오히려 불가능한 것에 불만을 표출하고 더 과도한 요구를 하기 십상입니다. 그때 가서 스스로를 자책하고 아이를 원망하기 전에 아이에게 결핍을 충분히 경험하도록 하세요. 부족함이 있어야 아이는 하고 싶은 것, 원하는 것을 찾을 수 있습니다.

대부분 아이들은 나중에 커서 어떤 일 하고 싶냐고 물어도 잘 모르겠다고 답합니다. 어쩌면 잘 모르는 것이 당연합니다. 그동안 자신을 탐색하고 자신에게 물어본 적이 없었기 때문이지요.

지금부터는 아이가 무엇을 하려고 하든 경험을 통해 교훈을 얻도록 하세요. 넘어져야 다시 일어나는 법도 알게 됩니다. 조급한 마음, 아이가 상처받지 않기를 바라는 마음을 내려놓고 곁에서 묵묵히 지켜보세요. 그렇게 하다 보면 '이 길은 내 길이 아니구나', '이 길은 나한테 너무 어렵다', '여긴 조금 어렵지만 내가 해낼 수 있을 거 같아' 등의 자기만의 판단으로 인생이라는 망망대해를 항해하는 멋진 선장이 될 것입니다.

부모는 그저 아이가 실패의 경험을 안고 집으로 돌아왔을 때 진심을 다해 따뜻하게 안아주면 됩니다. "그럴 줄 알았어", "그러게 엄마 말을 들었어야지" 등 아이를 탓하는 말은 금물입니다. "너는 할 수 있어", "지금은 네가 원하는 것에 가는 과정일 뿐이야", "엄마는 너를 믿고 끝까지 지지할 거야"와 같은 말로 아이에게 용기를 주고 사랑을 느끼게 해야 합니다.

자, 이제 이렇게 말해보세요. "내 사랑하는 ○○아, 네 뒤에는 언제나 엄마 아빠가 든든하게 지키고 있으니 언제든지 넘어져도 돼. 넘어졌다 다시 일어날 때 너는 몰라보게 성장해 있을 거야!"

우리가 아이를 품었을 때
바랐던 것은

여러분은 아이를 얼마나 믿나요? 약속을 지키지 않는 모습, 게으른 모습을 보고 아이를 다그치지는 않나요? 사춘기 아이가 가장 싫어하는 게 부모가 자기를 믿지 않고 의심하는 표정으로 말하는 것입니다. 이와 같은 상황이 몇 차례 반복되다 보면 아이는 "어차피 엄마는 내 말 안 믿을 거잖아"라며 대화를 단절하지요.

물론 엄마 입장에서 보면 믿지 못하는 게 아니라 걱정이 앞서는 거라는 표현이 더 맞을 것입니다. 어떤 문제나 상황에서 어른이 보는 시각과 아이가 보는 시각은 현저히 다르기 때문에 어른의 관점으로 이야기하는데 아이는 그걸 자기를 믿지 못한다고 표현할 때가 많지요. 이를테면 다음과 같은 상황을 살펴봅시다.

저에게 상담을 온 지원이는 고등학교 진학을 앞둔 중학교 3학년입니다. 지원이는 오늘도 방 안에서 무얼 하는지 하루 종일 나오질 않습니다. 지원이 엄마는 왠지 아이가 공부를 하고 있지 않을 것 같은 생각에 방문을 빼꼼 열어 보았습니다. 그런데 웬걸 핸드폰을 보거나 침대에 누워 있지 않고 책상에서 열심히 공부를 하고 있었습니다. 엄마와 눈이 마주친 지원이는 불같이 화를 냈다고 합니다. 저는 지원이 엄마에게 왜 그런 행동을 했는지 물어보았습니다. "입시가 얼마 남지 않아서 마음이 너무 불안해서 그랬어요."

무엇을 하든
무조건 믿어주자

또 다른 상황도 살펴봅시다. 수아는 친구들과 함께 카페에 가서 공부를 하기로 했습니다. 엄마에게 카페에 다녀오겠다고 하니 수아 엄마는 이렇게 말했습니다. "네가 카페에서 가서 공부를 퍽이나 하겠다!" 수아는 엄마의 말에 자존심이 상하고, 친엄마 같지도 않다는 생각이 들었다고 털어놓았습니다. 또 '어차피 뭐라고 말해도 믿지 않을 거, 내 맘대로 하지 뭐!'라는 반감이 들기도 했다고 합니다.

이처럼 아이를 믿지 못해서 나오는 말과 행동은 사춘기에 특히 조심해야 합니다. 다른 누구도 아닌 내가 가장 의지하고 믿고 있는 부모로부터 신뢰받지 못한다고 생각되면 마음속 깊이 상처로 남아 치유되기까지 오랜 시간이 걸립니다. 그동안 쌓아놓았던 부모 자식 간의 사랑이 무너지는 것도 한순간입니다.

엄마 눈에 조금 부족한 부분이 있더라도 일단 믿어주어야 합니다. '내 아이를 내가 믿지 누가 믿어주겠어!'라고 생각하면서 아이를 인정하고 믿어주세요. 혹여 아이가 약속을 지키고 있는지 궁금하고, 아이가 말과 다른 행동을 하고 있는 것 같더라도 부모는 자신의 감정을 추스릴 수 있어야 합니다. 부모의 불안을 자녀가 느끼게 해서는 안 되지요. 아이와 부모 사이 잘 세워놓은 공든 탑이 무너지지 않도록 하세요.

아이를 무조건 믿어주고 신뢰하라고 이야기했더니 시윤이 어머니는 이런 일화를 들려주었습니다. 중학교 2학년인 시윤이는 평소 낮에는 게임을 하면서 머리를 식히다가 숙제, 씻기 등 매일매일 꼭 해야 할 일을 엄마의 잔소리와 함께 자정이 가까워서야 하곤 했습니다. 시윤이 엄마는 일을 하고 있어서 낮에 시윤이를 옆에서 챙겨주기 어려운 상황이었지요. 어쩔 수 없이 핸드폰 사용 시간을 제한하고, 컴퓨터 역시 비밀번호를 걸어 부모가 없을 때는 할 수 없게 했습니다. 그랬더니 어느 날, 시윤이는 안방에 놔둔 엄마 지갑에서 돈을 빼내 PC방에 가서 게임을 했다고 합니다. 게임을 하느라 학원에 가야 할 시간에도 가지 못한 걸 학원 선생님의 연락을 받고 알게 된 것이지요. 시윤이 엄마는 도저히 가만히 있을 수가 없어 시윤이를 불러 야단을 치고 소리를 지르다가 감정이 복받쳐 할 말 하지 못할 말 구분 없이 다 해버리고 말았다고 합니다. 시윤이 엄마는 상담에 와서 울면서 말했습니다. "어떻게 도둑질을 했는데도 믿어줄 수가 있어요. 제가 훈육을 해야지요. 그러다 아이가 다른 사람 물건에까지 손을 대면 어떻게 하나요? 이건 도저히 그냥 지나갈 수 없어요."

물론 시윤이 엄마도 처음에는 차분하게 이야기를 시작하려 했다고 합니다. 그런데 말을 하다 보니 자기도 모르게 격하게 화가 났다고 했습니다. 저는 그럼에도 시윤이를 끝까지 믿어주어야 한다고 조언했습니다.

물론 돈을 가져간 것은 변하지 않는 사실이지요. 잘못된 행동이기에 이 사실에 대해서는 명백하게 잘못을 짚어주어야 합니다. 하지만 여기서 끝나서는 안 되고 엄마가 여전히 아이를 믿고 사랑하고 있음을 확인시켜주어야 합니다. "엄마는 시윤이를 진심으로 사랑하고 믿고 있어", "분명히 시윤이는 어떤 이유가 있었을 거라고 생각해", "그 이유를 엄마한테 이야기해줄 수 있어?"라고 말하며 잘못된 행동을 해도 엄마는 변하지 않고 아이를 사랑한다는 사실을 말로 표현해주어야 합니다. 엄마의 혼란스러운 감정을 꾸미지 않고 솔직하게 전해도 좋습니다. 저는 시윤이 어머니에게 다음과 같이 말해볼 것을 조언했습니다. "지금 엄마는 무척 속상하고 화가 나. 엄마가 널 잘못 가르친 거 같아서 죄책감도 들어. 하지만 그래도 엄마는 시윤이를 믿어. 믿을 거야."

며칠 뒤 저를 다시 찾아온 시윤이 엄마의 표정은 한결 밝아져 있었습니다. 집으로 돌아가 알려준 대로 시윤이와 심도 깊은 대화를 나누었더니 아이의 눈에서 눈물이 주르르 흘러내렸다고 합니다. 그 모습을 본 시윤이 어머니는 더 이상 어떤 말도 할 필요를 느끼지 못했고 그저 아이를 꼭 안아주었다고 합니다.

사춘기라는 탈을 쓰고 있는
예쁜 내 아기

철이 없고, 예의도 없고, 부정적인 단어를 자주 쓰고, 심지어 욕을 하기도 하는 사춘기 아이를 보면 한숨이 나오거나 내 자식이 아닌 것처럼 느껴질 때가 있을 것입니다. 그렇지만 표면적인 행동만으로 아이를 판단해서는 안 됩니다. 사춘기라는 탈을 쓰고 자기도 모르게 버릇 없이 행동하고 나쁜 표현을 한다고 생각하는 편이 오히려 좋습니다. 강한 부정은 강한 긍정이라고 아이의 말과 행동이 거칠어질수록 아이는 이렇게 말하고 있다고 생각하세요. "저 좀 살펴주세요", "저 좀 이해해주세요", "저 괜찮은 아이예요"라고 말이지요. 그렇게 아이를 사춘기 이전과 똑같이 믿고 지지해주었을 때 아이는 곧 원래의 모습으로 되돌아올 것입니다.

  말 안 듣고 제멋대로 하는 아이, 이유 없이 짜증 내는 아이에게 지쳤다면 아이를 배 속에 품었던 그때를 기억해보면 어떨까요? 시험을 잘 보면, 숙제를 잘하면 네가 원하는 걸 해줄 거라는 지금의 약속이 무색하게, 아이를 품었을 때는 건강하게만 태어나길 바랐습니다. 그게 아이에게 바라는 전부였습니다. 그 시선으로 사춘기 아이를 바라본다면 지금이 행복하지 않을 이유가 없을 것입니다.

부디 꿈을 지켜주는
엄마가 되자

저는 교육에 대해 끊임없이 관심을 가지고 있는 엄마였습니다. 저는 아들이 초등학교에 들어갈 때가 되었을 때 이대부속초등학교, 교대부속초등학교 등 세 군데 이상의 사립초등학교에 원서를 넣었습니다. 주입식 교육이 싫었기 때문입니다. 그러나 저의 열정과 달리 아들은 내로라하는 사립초등학교 추첨에서 모두 미끄러졌습니다.

어쩔 수 없이 아들은 국공립 초등학교에 갔습니다. 저는 아들이 공부에 관심을 쏟기보다는 여러 다른 경험을 쌓길 바랐습니다. 이 시기 아이들이 체험과 경험을 풍부하게 쌓고, 독서를 많이 할수록 회복탄력성과 집중력이 커진다는 사실을 공부를 하면서 깨달았기 때문입니다. 저는 아들이 유치원에 다닐 때도 유아교육의 기본 개념인 '놀이를 통한 교육'을 하고자 노력했습니다. 특히 영유아기에는 그림책을 최대한 많이 접할 수 있게 했습니다. 그림책은 영유아들의 인지, 사회, 정서, 언어 발달에 좋은 영향을 미칩니다.

초등학교 들어가서도 저는 아들에게 선행학습이나 과제 위주의 공부를 시키지 않았습니다. 저는 제 판단에 확신이 있었습니다. 우리나라 교육의 특성인 선행학습 및 주입식 교육의 한계와 부작용을 익히 알고 있었기 때문이지요. 단적으로 주입식 교육은 아이의 창의성을 심각하게 저해합니다.

아들은 초등학교 5학년이 되자 유튜브에 '첼드'라는 이름의 채널을 만들더니 디즈니 픽사가 제작한 애니메이션 리뷰 영상을 올리기 시작했습니다. 작품의 줄거리와 주제 그리고 작품이 의미하는 바를 직접 찾아서 영상을 제작했습니다. 평소 아들이 애니메이션을 좋아하는 것은 알고 있었습니다. 쥐가 요리사로 나오는 영화 《라따뚜이》는 수십 번도 더 볼 정도였으니 말이지요. 영상을 만들면서 아들은 자연스럽게 글쓰기, 말하기 능력이 향상되었습니다.

초등학교를 졸업하고 중학교에 진학했을 때 선생님은 '이젠 공부를 더 시켜야 한다'라고 말했습니다. 저는 동의할 수 없었고 결국 아들은 국제학교로 시험을 보고 진학했습니다. 그곳에서도 아들은 편집에 계속 흥미를 보였습니다. 더 정교하게 편집할 수 있는 프로그램을 컴퓨터에 깔고 싶어 했지요.

철없이 아들의 꿈을
짓밟았던 순간

제가 실수를 했던 것은 아들이 중학교 3학년이 되었을 때입니다. 계기는 어찌 보면 별 게 아니었습니다. 어느 날 아들이 며칠 밤을 새우며 영상을 만들었다고 말했습니다. 평소 영상 제작을 좋아하는 아이라 관심 분야에 빠져 있는 걸 나쁘게 보지 않았지만 성적이 너무나 떨어지는 것이 이상했습니다. 학교에서 무슨 일이 있었는지 물어보았더니 아들은 자랑스럽게 말했습니다. 학교에서 내준 과제인데, 친구들이 스토리를 짜고 영상 제작하는 일에 서툴러서 도와달라고 해서 밤을 새워 도와주었다고요. 저는 순간적으로 화가 치솟았습니다. 자기가 해야 할 일을 미루고 친구를 도와주고 있는 모습이 답답했지요. 저도 모르게 "왜 그걸 도와줘? 네 것도 아닌데? 편집은 3D 직업이야"라는 말이 튀어 나와버렸습니다. 순간 아차 싶었고 곧바로 후회했지만 이미 엎질러진 물이었습니다. 아들은 울면서 엄마가 자기 꿈을 짓밟아버렸다고 말했습니다. 아들은 "앞으로 나는 이런 거 안 할 거야"라고 말하고는 한동안 저와 눈도 마주치지 않는 생활을 했습니다. 속상했습니다. 제가 화가 난 이유는 아들이 관심 있어 하는 분야에 몰입해서가 아닌데…….

저는 결심했습니다. 앞으로는 무슨 일이 있어도 아들의 흥미를 절대 꺾지 않겠노라고요. 저는 아들에게 진심으로 사과를 하고, 아들이 좋아하는 일을 직업으로 연결시킬 방법을 함께 찾기 시작했습니다. 아들은 사진 찍는 것도 좋아했고, 예능프로그램에 CG를 넣는 일에도 관심을 보였습니다. 그러더니 어느 날에는 "엄마, 제가 프로덕션에 원서를 넣었어요"라고 말했지요. "광고 촬영도 하고 화보도 찍고 드라마도 할 수 있는 회사인데요. 시험이 3차까지 있는데 제가 3차까지 붙었다고 연락이 왔어요"라고 덧붙이더군요. 저는 망설이지 않고 "어머, 정말 잘했구나. 역시 내 아들이네!"라면서 하고 싶은 것을 다 해보는 건 잘하는 일이라고 칭찬했습니다.

어느 날은 의상 화보를 찍기도 했고, 또 다른 날은 금연 캠페인 광고를 찍기도 했습니다. 저는 아들이 하는 일에 힘을 실어주어야겠다고 생각했습니다. "그래, 그런 일은 참 중요한 일이야, 아들. 사람들에게 선한 영향력을 줄 수 있고 사회에 기여하는 일이잖아"라고 말했더니 아들은 어깨를 들썩이며 자신감 있는 표정을 지었습니다.

아들은 방학 때마다 다양한 촬영 현장에 나갔습니다. 저는 아들이 하는 활동에 계속 관심을 놓지 않았습니다. 기획자가 되고 싶은지, 연기자가 되고 싶은지, 촬영 감독이 되고 싶은지 아들에게 물어보며 그 일로 아들이 펼쳐나갈 수 있는 미래를 그리도록 도왔습니다.

다행히 학교 선생님도 아들의 활동을 격려해주었습니다. 그 뒤로 아들은 완전히 달라졌습니다. 부드러운 눈빛에 늘 자신감이 차 있었습니다. 자기가 흥미 있어 하는 일뿐 아니라 해야 하는 일에서도 주도성을 지니고 해나갔습니다. 교과목도 필름메이킹, 디지털 포토그래피 등 좋아하는 것을 스스로 찾아 듣기 시작했습니다.

어떤 가치를 보고
달리고 있나요?

자신의 어린 시절로 돌아가봅시다. 과연 어떤 것을 좋아하고, 어떤 꿈을 가지고 있었고, 어떤 것에 열정이 있었는지 기억나세요? 저는 어떤 사람이 되어야 하는지, 어떤 일에 관심이 있는지 전혀 몰랐습니다. 그저 막연하게 성인이 되면 막막한 느낌과 혼란스러운 감정이 다 해결될 거라고 믿었지요.

　저는 초등학교 때까지는 열심히 공부를 했지만 중학교와 고등학교를 가면서는 의무적으로 공부를 했습니다. 선생님들도 적성과 꿈을 찾으라고 말하지 않았습니다. 당시는 반에서 몇 등인지, 전교에서 몇 등인지에 따라 그저 점수에 맞추어 대학에 진학하고, 공부를 잘 못하거나 성적이 좋지 않은 아이에게는 선입견을 품는 선생님도 있었던 시절이었습니다. 공부를 잘하는 아이는 드러내놓고 예뻐한 것은 물론입니다.

　성적이라는 간판에 의해 달라지는 대우는 비단 학창 시절에만 국한된 게 아니었습니다. 우리는 모두 학창 시절부터 사회로 나와 지금까지 살아오면서 인생의 쓴맛을 톡톡히 보았습니다. 그래서 이왕이면 내 아이가 공부를 잘하고 좋은 대학에 들어가길 바라며 집착하는 것일 테지요.

교육 현실도 예전보다 더했으면 더했지 달라진 것은 없습니다. 여전히 석차는 중요하고, 내 아이가 내신을 잘 받게 하기 위해 학교 평균 점수가 낮은 지역으로 이사를 하기도 하는 게 현실입니다. 또한 인서울 대학이나 의대에 가기 위해 반수, 재수를 하는 것은 기본이 되었습니다. 아이들은 초등학교 때부터 우리가 중고등학교 때 배웠던 영어 문법을 달달 외우고 있습니다.

이와 같은 현실에서 부모는 아이에게 어떤 조력자가 되어야 할까요? 요즘 초등학생들에게 무엇이 되고 싶냐고 물으면 절반 이상이 연예인과 크리에이터가 되고 싶다고 합니다. 돈이 세상을 사는 데 가장 중요한 가치가 되어버린 현실 때문일 것입니다. 그런데 어쩐지 이상합니다. 돈이라는 가치 하나만 보고 달려가는 모습은 우리가 어렸을 때 좋은 대학 하나만 보고 공부했던 모습과 크게 다르지 않아 보입니다.

저는 아이들이 꿈이 있는 사람으로 성장했으면 하고 바랐습니다. 꿈이 있는 사람으로 키우기 위해 어릴 때부터 아들의 재능이 무엇인지, 하고 싶은 것이 무엇인지 끊임없이 관찰했습니다. 아이가 행복하려면 부모가 좋아하고 부모가 바라는 것을 요구하기보다는 아이가 잘할 수 있는 일을 경험을 통해 찾아주어야 합니다.

모든 아이들은 각기 다른 기질과 재능을 지니고 태어납니다. 초등학교 시절부터 아이가 잘하는 것이 무엇인지, 무엇을 하면 재미있어하는지 살펴야 합니다. 그중 부모의 유전은 어떤 것을 물려받았는지도 잘 관찰하세요.

아이에게 꿈을 심어주려면 아이가 하고 싶어 하는 일, 궁금해 하는 일을 실제로 경험해보게 하는 것이 가장 좋습니다. 상상으로 그리는 것과 직접 해보는 것의 차이는 큽니다. 생각보다 일이 고되고 어려울 수도 있고, 반대로 생각보다 더 흥미롭고 신날 수도 있습니다. 경험을 통해 삶의 방향을 조정해나가면 아이는 원하는 목적지에 수월하게 도달할 것입니다. 돌아가도 되고 길을 잘못 들어도 괜찮습니다. 결국 목적지에 도달한다면 아이의 인생은 행복할 테니까요. 이 책을 읽는 여러분도 아이의 꿈을 키워주는 엄마가 되었으면 좋겠습니다.

내 아이가
행복하길 바란다면

이제 저의 아들은 사춘기를 지나고 많이 성장했습니다. 마치 사춘기는 비가 오는 날, 바람 부는 날, 폭풍이 지나가는 날, 밝은 해가 뜨는 날, 눈이 오는 날 등 날씨처럼 다양한 아이의 감정 속에서 함께 성장하는 시간 같습니다. 아이들마다 사춘기가 오는 시기는 조금씩 다르지만 고등학교 2~3학년쯤 되면 서서히 사춘기는 마무리됩니다. 아들은 자신이 좋아하는 것이 무엇인지 알게 되었고, 스스로 그 길을 향해 미소를 띄며 나아가고 있습니다. 엄마인 저 역시 아들과 사춘기를 보내고 난 뒤 아들의 생각에 공감하고 이해하는 시간이 길어졌습니다. 결국 아이들은 "제 말을 들어주세요", "저도 제가 좋아하는 것을 찾는 중이에요", "제 진로가 저도 걱정이 돼요", "조금만 기다려주세요"라고 몸으로 마음으로 이야기하고 있었다는 것을 깨닫게 되었습니다. 아들의 말에 조금만 더 귀를 기울여주고, 아들의 행동을 조금만 더 기다려주니 어느덧 본인의 일을 스스로 해결하고 자신의 삶에 대해 계획도 하는 모습을 보여주었습니다. 믿어주고, 기다려주고, 공감해준다면 우리 아이들은 분명 자신의 꿈을 스스로 찾아 나갈 것입니다.

사춘기에 힘들었던 만큼 아이는 크게 성장할 것입니다. 이 책을 읽는 동안 여러분도 아이의 꿈을 지켜줄 수 있는 엄마로 성장했을 것이라 확신합니다. 사춘기가 끝난 아이는 엄마가 자신을 얼마나 사랑하는지, 얼마나 자신을 위해 애썼는지, 얼마나 자신의 마음을 보듬어주고 싶어 하는지 등 엄마의 다정한 마음을 가슴 깊이 간직합니다.

사춘기를 지혜롭게 보내고 나면 아이는 어른이 되는 준비가 끝나, 안정감 있고 부드러운 말과 행동이 자연스럽게 나오게 될 것입니다. 사춘기 자녀를 둔 부모님들께서 이 책을 읽으며 힘들고 어려운 마음을 이해받고 공감도 얻으셨으면 합니다. 여러분들은 그동안 틀린 것이 아니라 다름을 인정하는 법을 알게 되었고, 아이를 통해 온전한 부모가 되는 길을 알게 되었습니다. 처음 부모가 되어 자녀의 사춘기를 맞이하는 부모님들의 큰 성장과 아이의 행복한 미래는 함께할 것입니다. 부모님들의 깊고 깊은 사랑의 마음을 이해하며 언제나 응원을 보내드리고 싶습니다.

💬 이토록 다정한 **엄마의 말 연습**

x	네가 뭘 좋아하는지도 몰라? 뭘 하고 싶은지 아직 모르면 어떡해!
o	당연하지. 아직 모를 수 있어. 아니 모르지! 시간이 아직 많으니까 지금부터라도 네가 좋아하는 게 뭔지, 잘하는 게 뭔지 엄마 아빠랑 같이 찾아보면 어떨까?

x	어쩜 그렇게 천하태평이니? 불안한 건 엄마뿐이지? 이게 네 인생이지, 내 인생이야?
o	엄마는 너를 충분히 기다릴 거야. 천천히 가도 돼. 각자 신발 크기가 다르고 얼굴도 키도 다른 것처럼 이 세상 모든 사람은 서로 다른 점을 가지고 있어. 빨리 가는 사람, 늦게 가는 사람 모두 귀하고 소중한 존재야. 늦게 간다고 잘못되는 것은 없어.

x	그러게 엄마 말을 들었어야지.
o	실패해도 괜찮아. 지금은 네가 원하는 것에 가는 과정일 뿐이야. 엄마는 너를 믿고 끝까지 지지할 거야.

x	네가 좋아하는 일만 찾다 보면 나중에 취업도 하기 힘들고 돈도 못 벌어.
o	네가 좋아하는 일을 찾다 보면 나중에 행복하게 일하는 직업을 갖게 될 거야. 또 좋아하는 일과 잘하는 일을 함께 고려하면 나중에 네가 원하는 일자리도 얻게 될 거야.

사춘기 엄마들이
많이 하는 Q&A

Q1 아이가 밖에 나가지 않고 집에만 있으려고 합니다

어느 날부터인지 아이가 밖에 나가지 않으려고 합니다. 방에서 핸드폰만 하는 아이가 답답해서 "오늘은 엄마랑 밖에 나가서 쇼핑할까?", "밖에 나가서 너 좋아하는 거 먹자"라고 이야기를 해도 아이는 요지부동이네요. "나는 그냥 집에 있을래", "엄마만 나갔다 와"라고 말합니다. 내심 화가 나기도 하고 무슨 문제가 있는 건지 걱정이 되기도 해요.

💬　매일 핸드폰만 하지 말고 밖에 나가서 좀 놀면 안 되나 하는 게 부모의 마음이지요. 엄마와 상담을 해보니 어릴 때는 말도 많고 애교도 많이 부리고 항상 밝은 딸이었다고 합니다. 어머니는 밥을 먹지 않아도 배가 불렀다고 했지요. 대부분의 부모님들은 사춘기에 혼자만 있겠다고 하면 아이에게 고민이 생겼거나, 학교에서 문제가 생겨 혼자 있는 거라고 추측합니다. 그러나 사춘기는 성인으로 나아가는 길목에서 자신만의 시간과 공간을 갖고 싶어 하는 정서적 발달이 진행되고 있는 시기입니다. 부모님들은 아이들이 하루 종일 핸드폰을 하는 것만으로도 속이 답답하고 힘듭니다. 그런데 밖에 나가지도 않고 심지어 밥까지 방에 가져다 달라는 아이를 보면 화가 나지요.

혼자만의 공간이 필요한 아이의 상태를 인정해주어야 합니다. 사춘기 아이는 학교에서 어떤 고민이나 문제가 없어도 혼자만의

시간과 공간에서 자신을 치유하고 정리하는 시간을 갖습니다. 물론 밥도 안 먹고, 친구도 만나지 않고, 학교도 가지 않고 집 안에만 있으며 특히 방 안에서도 핸드폰도 하지 않고 아무것도 안 하는 아이는 문제가 있는지 좀 더 세밀하게 살펴보아야 합니다. 그러나 애석하게도 대부분의 아이들은 부모님과 무언가를 함께 하기를 원하지 않습니다. 부모님이 친구나 핸드폰처럼 편안하지 않기 때문이지요.

이 학생의 경우는 왜 엄마와 함께 나가기 싫어하는지에 대해 이야기 나누어보니, 엄마와 조금만 시간을 길게 가지면 공부나 학교 이야기를 꼬치꼬치 묻고, 결국에는 자기를 비난하는 말로 결론이 나는 경우가 많아 마음이 편하지 않고 부담이 된다고 했습니다.

반면 엄마에게 물어보니 아이가 부담을 느끼는지 전혀 모르고 있었고, 단순히 궁금해서 질문했을 뿐이라고 했지요. 이처럼 똑같은 행동을 하는데도 엄마와 사춘기 아이는 서로 다른 감정을 느끼고 있습니다.

성인으로 가는 길목에 서 있는 사춘기 아이들과 너무 많은 대화를 하려고 애쓸 필요 없습니다. 오히려 너무 많은 걸 알고 싶어 하는 엄마의 행동이 독이 되기도 하는 시기입니다. 아이의 독립된 자율성을 인정해주고 해달라는 것을 요구할 때 충분히 지원해주는 지혜가 필요한 시기입니다.

❀ 이렇게 해보세요 ❀

아이의 관심사에서 대화를 시작해보세요. 즐겁고 재미있는 이야기부터 시작해서 공감과 신뢰가 쌓이면 이후 엄마의 궁금한 점도 자연스럽게 물어볼 수 있습니다.

❀ 이렇게 말해보세요 ❀

마음 표현	"딸, 방 안에서 핸드폰만 보고 있으면 엄마가 걱정이 돼."
공감	"○○야, 지금 ○○가 좋아하는 연예인 동영상 보고 있는데 멋지더라. 엄마도 어릴 때 남자 연예인 좋아한 적 있어."
행동	"우리 같이 공연 보러 갈까?"
바람	"가끔 방 안에서 뭐 하는지 엄마한테 이야기해주면 엄마가 마음이 편할 것 같아."
인정	"말해줘서 고마워."

Q2 왜 물어보는 말에 항상 짜증일까요?

말끝마다 짜증 난다는 말을 달고 살고, 뭘 물어도 대답을 안 합니다. 또 짜증을 내면 어쩌나 싶어 위축되어서 궁금한 게 있어도 물어보기가 부담스럽네요. 제가 뭘 잘못했나 싶기도 하고, 다른 사람들 앞에서도 저러면 어쩌나 하는 노파심도 생겨요.

💬　사춘기 부모는 사소한 질문에도 짜증을 내는 아이를 보며 도대체 자기가 뭘 잘못했는지, 아이가 왜 그러는지 궁금해합니다. 사춘기는 신체적, 감정적, 심리적 변화를 겪는 시기로 호르몬의 영향으로 감정의 기복이 심합니다. 작은 일에도 감정이 요동치지요. 이 시기의 아이는 독립성과 자율성을 추구하는데 부모님의 질문이 자신을 통제하거나 감시한다고 느낀다면 반발심을 짜증으로 드러냅니다. 부모의 질문 자체가 자신의 영역을 침해한다고 느끼는 것입니다. 이럴 때일수록 개인 공간을 만들어주고 아이의 사생활을 최대한 존중해주어야 합니다.

　아이의 반응은 정상적인 발달 과정의 일부분입니다. 부모님이 할 수 있는 일은 이해와 인내심을 지니고 개방적이고 긍정적인 의사소통을 유지하는 것입니다. 무엇보다 아이가 자신의 감정을 표현할 수 있게 심리적으로 안전한 환경을 제공하고 독립성을 존중하는 것이 중요합니다.

사춘기에는 학교에서 자존심이 상하는 일이 있었거나, 교우관계가 잘 풀리지 않을 때 부모님에게 짜증을 내기도 합니다. 사춘기 아이는 같은 말을 여러 번 묻는 것에 민감하므로 이때 여러 번 반복해 묻지 않도록 주의하세요. 호르몬의 변화로 감정변화가 급격하게 일어나는 때이므로 아이 자체에 문제가 있다고 생각할 게 아니라 단지 시기적 행동 양식으로 이해하는 것이 바람직합니다.

❀ 이렇게 말해보세요 ❀

마음 표현	"빨래를 밖으로 내놔줄 수 있을까?"
공감	"오늘도 애 많이 쓰고 힘들었지, 우리 아들."
행동	"필요한 게 있으면 말해줘."
바람	"어려운 일이 있으면 엄마도 같이 돕고 싶어."
인정	"좋은 목소리로 이야기해줘서 고마워."

Q3 방문을 잠그고 들어가지도 못하게 합니다

아이가 집에 있을 때면 계속 방에서 문을 잠그고 있어요. 아이가 외출했을 때 청소를 하려고 들어갔다 나온 날은 울고불고 난리도 아니었습니다. 자기 방에 왜 들어와서 자기 것을 만지냐며 악을 쓰고 이불을 발로 막 차더라고요. 한마디할까 하다가 너무 기가 막혀서 아무 말도 하지 못했는데 계속 그러는 모습을 보고 있자니 제가 속이 너무 답답합니다.

💬   사춘기 때는 여자아이, 남자아이 상관 없이 방문을 잠그고 방에 틀어박히는 행동을 합니다. 사춘기의 자연스러운 행동인데 부모는 아이를 기다리기가 힘이 들지요. 앞서 이야기했듯이 신체적 성숙과 변화에 따른 민감성으로 인해 자기만의 공간을 가지면서 자율성을 실현하고 싶어 하는 행동입니다. 자신의 공간을 보호하고 통제하고자 하는 욕구의 표현이지요.

사춘기 아이는 이미 많은 변화로 스트레스와 혼란을 겪고 있으므로 생각과 감정을 정리하며 휴식을 취하고 싶어 합니다. 특히 신체적 변화와 더불어 성적인 호기심이 증가하는 시기이기 때문에 더욱 그렇습니다.

방 안에서 혼자 있는 시간은 자신을 탐색하고, 생각을 정리하며, 자신만의 취미나 관심사를 발전시키는 시간입니다. '방 안에서 게임만 하고 있겠지. 쯧쯧'이라고 생각하지 말아주세요. 부모나 가족과의 갈등을 피하려고 나름대로 선택한 방법일 수도 있음을 이해해야 합니다.

❀ 이렇게 해보세요 ❀

사춘기 자녀가 자기만의 시간을 갖는 것을 볼 때는 시기에 맞게 잘 성장하고 있다고 생각하셔야 합니다. 부모로서 해야 할 일은 이러한 행동을 무조건 나쁘게만 보지 말고, 아이의 프라이버시를 존중하면서도 필요한 경우에는 아이와 열린 소통을 시도하는 것입니다. 아이가 심각한 스트레스를 받았다고 생각할 때는 구체적으로 물어보지 말고 하루 이틀 시간을 두고 아이가 먼저 다가와 말을 할 수 있도록 관계의 편안함을 유지해주시길 바랍니다.

❀ 이렇게 말해보세요 ❀

마음 표현	"방에서 나와서 엄마랑 이야기할 수 있겠니?"
공감	"오늘도 스트레스를 많이 받았겠네."
행동	"혼자서 생각할 시간이 필요할 것 같아서 엄마는 나갈게."
바람	"화가 나고 스트레스를 받아도 어려운 일이 있으면 엄마에게 말해줄 수 있을까?"
인정	"엄마한테 이야기해줘서 고마워."

Q4 하루 종일 이어폰을 끼고 있는 아이,
놔둬도 될까요?

아이가 이어폰으로 음악을 들으면서 공부를 하는데, 그 소
리가 정말 큽니다. 이어폰인데도 옆에 있는 사람에게 들릴
정도예요. 집중을 하고 해도 잘 안 되는 게 공부인데, 매번
음악을 그렇게 크게 들으면서 공부를 한다고 하니 잘 이해
가 안 됩니다. 이제는 이어폰을 끼고 있는 모습을 보면 공부
는커녕 제 말을 듣기 싫어서 저러는 건가 하는 생각에 화까
지 납니다.

🗨 먼저 아이의 관점에서 집중하는 방식이 사람마다 다를 수
있음을 이해해야 합니다. 부모님은 자신의 경험상 음악을 들으
며 공부했을 때 집중이 잘 안 되었기에 그런 말씀을 하는 것이겠
지만, 연구결과에 따르면 음악이 배경소음을 차단해주기 때문에
집중을 돕기도 합니다. 다만 이어폰 밖으로 소리가 새어나올 정
도로 크게 듣는 것은 청력에 무리를 가져올 수 있으니, 이 부분
은 차분히 이야기하는 것이 좋겠습니다.
　그다음에는 왜 음악을 크게 듣고 싶어 하는지에 대해 이야기
를 나누어보세요. 이때는 무조건 아이가 말하는 이유를 충분히
듣고 존중하는 자세를 취해야 합니다. 부모님의 의견을 관철하
려고 하기보다는 타협점을 찾는다고 생각해야 합니다. 이를테면

특정 시간대에만 음악을 크게 듣기로 하거나, 이어폰 대신 스피커를 사용하도록 하는 식입니다. 아이가 음악을 통해 스트레스를 해소하려 한다는 것을 인정해준다면 열린 대화로 갈 가능성이 높습니다.

공부할 때 도움이 되는 음악 종류를 추천할 수도 있습니다. 잔잔한 클래식 음악이나 자연의 소리 같은 배경음악을 추천해보세요. 또한 음악을 들으면서도 효과적으로 공부할 수 있도록 시간 관리를 도와주세요. 이를테면 특정 시간 동안은 음악 없이 집중 공부를 하고, 휴식 시간에 음악을 듣는 방식으로 시간을 나눌 수 있겠지요. 마지막으로 아이가 음악을 들으며 공부하는 것이 학습 성과에 어떤 영향을 미치는지 함께 객관적으로 평가해보세요. 만약 성적이 떨어지거나 학습에 지장이 생겼다면 이 점을 아이에게 설명하고 해결책을 찾아보세요.

대화 자체가 어렵다면 직접 대화가 아닌 간접적인 방법을 시도해볼 수도 있습니다. 사춘기 아이는 가까이서 자신을 지켜보는 부모의 말을 잔소리로만 생각하는 경향이 있기 때문입니다. 학원 선생님이나 학교 선생님에게 부탁해 관련 내용을 아이와 이야기하게 해보세요. 혹은 아이와 함께 상담소를 찾아 상담 선생님을 통해 간접적으로 부모님의 뜻을 전달하는 것도 바람직합니다.

❀ 이렇게 해보세요 ❀

음악을 크게 들으며 공부하는 사춘기 아이를 이해하고, 입장을 존중하면서도 효과적인 학습 환경을 제공해야 합니다. 학교 상담사나 교육 전문가와 상담해보세요. 전문가의 조언을 통해 아이에게 적합한 학습 방법을 찾는 데 도움을 받을 수 있습니다. 열린 대화를 통해 서로의 입장을 이해하고, 실질적인 타협점을 찾을 수 있으므로 전문가의 도움은 적절히 이용하는 것이 좋습니다.

❀ 이렇게 말해보세요 ❀

마음 표현   "휴식 시간과 음악 듣는 시간을 구분하면 좋겠어."

공감   "아~ 그런 방법으로 하니 공부가 더 잘될 수도 있구나."

행동   "○○의 생각을 존중할게."

바람   "음악을 바꾸어보는 것도 한번 생각해봐."

인정   "이해해줘서 고맙고 노력해줘서 고마워."

Q5 말끝마다 욕을 하는 아이 때문에 창피합니다

어디 가서 창피해서 이야기도 못하겠어요. 저는 초등학교 교사입니다. 아들이 어릴 때는 정말 예의도 바르고 제게 존 댓말을 썼는데 지금은 존댓말은커녕 말끝마다 욕을 붙이네 요. 설마 저한테 그런 건 아니겠지 하고 참고 넘어갔는데, 심 기가 불편할 때 제가 잔소리를 하면 영락없이 끝에 '씨'를 붙 이며 말합니다. 화도 내보고 달래보기도 했지만 바뀌지가 않습니다. 원래 이런 아이가 아닌데 무엇이 문제인지 도대체 모르겠어요.

💬 사춘기에는 너무나 많은 감정적 혼란을 경험하기 때문에 착하고 온순했던 아이도 부모와 갈등이 나타날 수 있습니다. 특히 정체성을 형성하는 과정에서 자신에게 허용된 범위를 파악하려고 부모의 권위에 도전하면서 자신의 힘을 시험하고 싶어 하지요. 평소 부모의 통제나 간섭이 심했을수록 이를 거부하려는 욕구가 강해지면서 반항적이고 거친 말을 합니다.

또한 감정을 조절하는 능력이 아직 발달 중이므로 분노, 좌절, 슬픔 등의 감정에 극단적으로 반응하고, 충동적으로 거친 말을 해서 자신을 드러내려 하는 성향이 강해집니다.

뿐만 아니라 학교에서 벌어지는 친구관계, 대학입시 등 다양한 스트레스 요인이 존재하는 것도 원인입니다. 부모에게 거친

말을 하는 것은 아이가 그만큼 압박감과 불안감을 느끼고 있다는 표현으로 이해해주세요. 이때 점검해야 할 사항은 아이의 감정을 부모님이 잘 받아주고 있는지입니다. 또한 부부간의 소통에서 문제가 있진 않았는지도 겸허히 돌아보세요. 아이는 모방학습을 통해 똑같은 방법으로 자신을 표현하려 합니다.

무엇보다 감정적으로 반응하지 않고 차분하게 대응하는 것이 중요합니다. 아이의 거친 말에 동조하거나 감정적으로 대처하면 갈등이 더욱 심화됩니다. 아이의 감정과 생각을 최대한 존중하며 들어주세요. 다만 가정 내에서의 행동 규칙과 한계는 명확히 설정하세요. 욕설이나 거친 말은 용납되지 않는다는 점을 분명히 하되, 그 이유에 관해 납득할 수 있도록 설명해주세요.

한편 아이가 스트레스를 관리할 수 있도록 도움을 주시는 것도 좋습니다. 운동, 취미 활동, 휴식 시간 등을 통해 스트레스를 해소할 수 있도록 지원해주시길 바랍니다.

아이와 함께 가정 내 언어 사용에 관한 규칙을 정하고, 그 규칙을 지키는 것이 왜 중요한지 논의해야 합니다. 그럼에도 아이의 행동이 지속적이고 심각할 경우, 학교 상담사나 외부 전문가와 협력해 문제를 해결하는 방법을 찾도록 하세요.

✿ 이렇게 말해보세요 ✿

마음 표현	"○○가 거친 말을 사용하지 않았으면 좋겠는데."
공감	"아, 그런 마음 때문에 이렇게 거친 말이 나왔구나. ○○도 그동안 힘들었겠네?"
행동	"엄마도 ○○가 왜 그랬는지 알았으니까 이제 더 이상 물어보지 않을게."
바람	"엄마에게 거친 말을 할 때는 왜 그런 마음이 생겼는지 이야기해주면 좋겠어."
인정	"힘든데도 애를 써서 엄마를 존중해준 거네. 엄마도 ○○의 마음을 알아주도록 노력할게."

Q6 "내가 알아서 할게"라는 말을 달고 삽니다

아들에게 공부나 시험, 과제에 대해서 이야기하면 "제발 잔소리 좀 하지 마. 내가 알아서 할 거란 말이야"라고 대꾸하니 어떤 말을 해야 할지 모르겠어요. 이야기가 조금이라도 공부 쪽으로 흘러간다 싶으면 버럭 화를 내고 들어가버리니 눈치가 보여서 이제는 공부 관련 대화는 아예 하지 못하고 있어요. 아이가 과제를 해오지 않는다면서 가정에서 관심 있게 봐달라고 학교 선생님께 전화가 오기도 하는데, 어떻게 하면 좋을까요?

💬 "내가 알아서 할게"라는 말은 "더 이상 잔소리 듣고 싶지 않아요", "나는 어른이 되어가고 있어요. 제 문제를 제가 스스로 해결하려고 노력하고 있으니 도와주세요"라는 마음을 표현하는 것입니다. 사춘기 아이는 부모의 통제나 지시를 거부하고 자신만의 결정을 내리고 싶어 합니다. 부모 품에서 벗어나 독립하고 싶어 합니다. 그러나 부모가 볼 땐 아직 미숙한 어린아이이기에 갈등이 발생하지요. 이 과정에서 아이는 자기 생각과 의견을 관철하고자 강하게 표현하다 보니 말투가 퉁명스럽습니다.

아이가 부모의 의견이나 조언을 거부하는 것은 자신만의 정체성을 확립하고자 하는 지속적인 노력의 일환입니다. 부모님의 입장에서는 답답하고 잘못된 방향일지라도 자녀의 입장을 이해

하고 무조건 경청하는 것이 정답입니다.

"네가 스스로 해내고 싶은 마음을 이해해"라고 표현하면서 아이의 감정을 존중해주세요. 만약 부모님께서 잘 이해가 되지 않으면 차라리 자율성을 가질 수 있도록 적정한 거리를 유지하는 것이 좋습니다. 지나친 간섭보다 아이가 스스로 결정을 내리고 책임질 기회를 주는 것이 중요합니다. 아이가 문제를 해결하는 과정을 지켜보며, 실패했을 때도 "내가 그럴 줄 알았다", "그러니까 엄마 말을 들었어야지"와 같은 비난보다는 격려와 지원을 아낌없이 해주세요. 정 하고 싶은 말이 있다면 "이렇게 해보면 어떨까?"와 같은 제안형이나 질문형으로 표현하는 것이 바람직합니다.

❀ 이렇게 해보세요 ❀

조급한 마음에 아이의 일을 대신해주지 마세요. 성인이 되어가는 과정임을 인정하고 아이 스스로 문제를 해결할 시간을 충분히 주세요. '참을 인'을 새기며 아이의 실패를 지켜보다 보면 아이가 부모에게 도움을 요청하는 시기가 옵니다. 그때 주저 없이 도움을 주는 방식으로 아이에게 접근해야 합니다.

❀ 이렇게 말해보세요 ❀

마음 표현	"어려운 과제가 뭔지 이야기해줄 수 있을까?"
공감	"너도 많이 힘들지?"
행동	"필요한 게 있으면 언제든지 이야기해줘."
바람	"나는 네가 마음이 편했으면 해."
인정	"실패했을 때 비난을 해서 미안해."

같이 놀 친구가 없다며 혼자 다니는 아이가 걱정됩니다

아이가 언제부터인지 밖에서 혼자 다니고 집에서는 늘 핸드폰만 보며 시무룩해 있습니다. 같이 다닐 친구가 없냐고 물어보면 "왜 없어? 친구 많거든?" 하면서 쏘아붙이고 서는 말과 다르게 뭐든지 혼자 합니다. 하교 후에도 친구와 어디 간다는 말을 들어본 적이 없고 친구 이야기만 꺼내면 "알지도 못하면서"라고 저를 밀어내네요. 이대로 둬도 될까요…….

💬 　만약 고등학생 아이가 "같이 놀 친구가 없어"라고 말하며 늘 혼자 다니는 모습을 보일 때는 일정 기간 관찰을 해야 합니다. 어떤 심리적인 변화가 있는지, 친구들과 문제가 있었는지를 살펴보고 적절하게 대처하세요.

　먼저 아이의 성격이 원래 내성적이라면 혼자 있는 것을 더 편안하게 느끼고, 소규모의 깊이 있는 관계를 선호할 수 있습니다. 대인관계나 사회적 기술이 부족한 아이인 경우에는 새로운 친구를 만드는 데까지 시간이 걸릴 수 있음을 부모님께서 충분히 인지하는 것이 좋습니다. 또한 친구들과 취미나 관심사가 달라 소속감을 느끼기 어려울 수도 있습니다. 친구들이 모두 예술적 성향을 보이는데 우리 아이만 공학 쪽 성향이라면 공통된 관심사를 찾기가 어렵지요.

반면 아이가 평소 외향적이었는데 갑자기 이런 태도를 보인다면 왕따를 당하거나 소외되는 경험이 반복되는 상황에 놓여 있을 수 있으므로 특별히 관심을 두어야 합니다. 이때 아이에게 직접 물어보기보다 학교 선생님에게 물어보거나 학원에서의 행동 등을 통해 단서를 찾으세요. 아이가 친구 관계에서 부정적인 사건을 겪고 있다는 사실을 부모님에게 알리고 싶어 하지 않는 경우도 많습니다. 자존심이 상하기 때문이지요.

마지막으로 혹시나 우울, 불안 등 정신 건강에 적신호가 켜진 것은 아닌지 냉정하게 살펴보세요. 아이가 부정적인 감정에 휩싸여 있다면 긍정적인 사회 경험을 할 수 있도록 부모님이 적극적으로 도와주셔야 합니다. 친구와의 1대 1 만남부터 시작해서 소규모 활동으로 점차 늘려나가는 것을 추천합니다. 이때 아이가 작은 사회적 성장이라도 이루어냈다면 칭찬과 격려를 아끼지 말아주세요.

✿ 이렇게 해보세요 ✿

아이가 친구를 사귀기 어려워하고 혼자 다니는 이유는 다양합니다. 부모로서 이를 비난하지 않고 이해하고 지원하는 것이 무엇보다 중요합니다. 열린 대화를 나누고, 사회적 기술을 향상할 수 있는 충분한 기회를 제공하며, 필요한 경우 전문가의 도움을 받는 것이 아이의 사회적 성장을 돕는 길입니다. 아이가 자신을 표현할 수 있는 안전하고 지지적인 환경을 가정에서부터 제공해주세요.

✿ 이렇게 말해보세요 ✿

마음 표현	"친구한테 왜 그렇게 느끼는지 이야기해줄 수 있어?"
공감	"네가 너무 속상했겠네?"
행동	"엄마 아빠랑 이번 주말에 네가 좋아하는 농구경기 보러 가지 않을래?"
바람	"기분이 그러면 친구를 꼭 만나지 않아도 돼. 네가 좋아하고 재미있어하는 걸 찾으면 좋겠어."
인정	"말하고 싶지 않은데 자꾸 물어봐서 네가 더 힘들었을거 같아."

264 ✩ 이토록 다정한 사춘기 상담소

Q8 하고 싶은 것도, 되고 싶은 것도 없는 아이가
답답합니다

저는 항상 아이에게 궁금한 점을 물어보는 편인데요. 커서
뭐 하고 싶은 거 있는지 물어보면 "난 하고 싶은 것도 없고
무슨 전공을 선택해야 할지도 모르겠어. 다 어렵고 귀찮아.
뭐 어떻게든 되겠지. 나 좀 그냥 놔두면 안 돼?"라고 말해
어떻게 해야 할지 모르겠어요. 곧 대학도 가야 하고 전공도
선택해야 하는데 저만 조급하고 아이는 그저 짜증스러운
대답만 하네요.

🗨 사실 대부분의 아이들은 자신의 흥미와 열정을 발견하는
데 어려움을 느낍니다. 평소 공부 이외에 다양한 경험을 하기가
힘든 한국 사회의 입시 체계 때문에 그렇지요. 다양한 직업과 전
공에 대한 정보가 부족하기도 하고 충분한 탐색의 시간이 주어
지지 않기도 합니다. 남의 시선을 신경 쓰는 아이일수록 부모님
이나 사회의 기대에 부응하려는 압박감을 크게 느끼기도 합니다.
　아이에게 선택이 잘못되더라도 언제든지 바꿀 수 있다는 점을
강조하고, 한 가지 길만 있는 것이 아님을 이해시키세요. 아이가
실패를 두려워하지 않고 다양한 시도를 해볼 수 있도록 격려하
는 것이 좋습니다.
　책, 온라인 자료, 다큐멘터리 등을 통해 아이가 다양한 분야를

탐색할 수 있도록 도와주세요. 직업 전망, 필요한 기술, 관련 학과 등 구체적인 정보를 알려주어 스스로 현실적인 선택을 할 수 있도록 해야 합니다. 다양한 직업 관련 행사나 박람회에 참여하는 것도 좋습니다. 심리 검사나 진로 탐색 도구를 활용하는 것도 바람직합니다. MBTI, 홀랜드^{Holland} 흥미 검사 등은 아이의 성격과 흥미를 이해하는 데 도움을 주기도 합니다. 나아가 여력이 된다면 아이가 관심 있는 분야에서 일하는 사람들과 이야기할 기회를 마련해주세요. 멘토링 프로그램이나 상담을 통해 현실적인 조언과 격려를 받을 수도 있습니다.

❀ 이렇게 해보세요 ❀

"왜 그렇게 생각하니?"와 같은 질문으로 아이의 감정과 생각을 존중하며 들어주고, 미래에 대한 고민을 함께 이야기하세요. 아이가 동아리 활동, 봉사활동, 인턴십, 캠프 등을 통해 흥미와 관심사를 발견할 수 있도록 지원하세요. 인생은 긴 여정이라는 점을 아이에게 이해시켜주세요. 첫 번째 선택이 인생의 모든 것을 결정하지 않는다는 점을 강조하고, 다양한 경험을 통해 점차 자신의 길을 찾아갈 수 있도록 격려하세요.

❀ 이렇게 말해보세요 ❀

마음 표현	"엄마가 해주고 싶은 말이 있어."
공감	"아직 하고 싶은 게 뭔지 모를 수 있어. 또 계속 바뀔 수도 있어. 너만 그런 게 아니야."
행동	"우리 같이 박람회에 한번 가볼까?"
바람	"지금 당장 원하는 직업을 찾지 않아도 돼. 그저 네가 좋아하는 것을 찾길 바라."
인정	"함께 가지 않고 싶은 마음도 알아. 괜찮아. 잘 다녀와."

Q9 "어차피 안 믿을 거잖아"라는 말에 마음이
무겁습니다

딸아이와는 식탁에 앉아서 밥을 먹을 때만 이야기를 할 수
있어요. 자기 방에 들어가서 나오지도 않고 학원 다니랴 친
구 만나랴 늦게 들어오니 제 입장에서는 대화를 나눌 시간
이 이때뿐입니다. 어느 날 아이가 엄마랑 대화를 하면 대화
하는 게 아니라 취조당하는 거 같다고 말하더군요. 제가 말
을 걸면 "어차피 안 믿을 거잖아"라면서 한숨을 쉽니다. 저
는 한다고 하는데 도대체 뭐가 문제일까요?

아이가 이런 반응을 보일 때는 부모 자식 간의 신뢰를 점
검해보아야 합니다. 대개 부모님이 권위적일 경우 나타나는 현
상입니다. 자신의 감정이나 생각을 부모에게 솔직히 표현하기
어려운 것이 원인이지요. 과도하게 통제당하거나 간섭받는 느낌
을 받을 때 아이는 부모님과의 소통을 회피하려고 합니다.

혹은 아이의 말이나 행동을 지나치게 지적하고 비판적으로 대
하는 경우에서도 원인을 찾을 수 있습니다. 이외에도 평소 부모
님의 기대가 높은 경우 아이에게 큰 부담감으로 다가가 부모님
과의 대화를 피하기도 합니다.

아이가 하는 말이 조금 미덥지 못하고 축소되거나 과장되어
있더라도 지적하거나 반박하기보다는 노력한 부분을 칭찬하고

격려해주세요. 아이가 할 수 있는 부분은 스스로 해결하도록 하세요. 관계를 재정립하는 데는 시간이 걸립니다. 인내심을 지니고 개선해나가는 노력이 필요할 때입니다.

❁ 이렇게 해보세요 ❁

사춘기 관계의 핵심은 인내심입니다. 관계는 한순간에 바뀌지 않는다는 것을 명심하고 경청과 공감, 긍정적인 피드백, 적절한 거리 유지, 감정적 지원을 해주세요. 어쩌면 지금이 아이와의 관계 회복을 위한 마지막 기회일 수도 있습니다.

❁ 이렇게 말해보세요 ❁

마음 표현	"엄마는 너랑 대화할 때 좋은 감정으로 대화하고 싶어. 엄마가 너랑 대화할 때 어떻게 말하는지 이야기해줄 수 있니?"
공감	"네가 그렇게 느끼는구나? 이해해."
행동	"많이 힘들었겠네. 엄마가 도와줄 수 있는 게 있을까?
바람	"네 생각이 그렇구나. 다음에도 이런 방식으로 이야기해주면 좋겠어."
인정	"그동안 엄마가 네 말을 끝까지 듣지 않고 경청하지 않았어. 앞으로 엄마도 더 노력해볼게."

좀 더 노력해달라고 하면 "열심히 하고 있어"라며 억울해합니다

아이를 체험활동 위주로 키워왔어요. 그게 아이의 적성을 찾아주는 데 도움이 될 거라 믿었어요. 그런데 이제 대학 진학을 준비해야 하는데 아들이 공부할 때 옆에서 보면 한 시간도 제대로 못 앉아 있습니다. 집중을 못하고 핸드폰으로 몸과 마음이 모두 가 있네요. 본인은 열심히 한다고 하는데 성적도 잘 안 나오고 시험 결과도 기대에 못 미치고 제 마음이 조급하고 미치겠어요.

열심히 노력하고 있다는 아이의 모습을 보면 부모님 마음에 차지 않는 부분이 많습니다. 좀 더 집중해서 하면, 좀 더 흥미를 가지고 하면 잘할 수 있을 것 같은데 그렇지 않기 때문이지요. 열심히 하고 있는데 성적이 잘 나오지 않는 아이들을 지켜보면 공부법, 학습 환경, 심리적 요인 등 여러 원인이 얽혀 있습니다.

아이가 어릴 때는 창의적인 아이로 키우고자 많은 부모님이 공부 습관을 잡는 데 애쓰기보다는 다양한 경험을 하는 것에 무게를 두고 교육합니다. 의자에 앉아 책을 읽거나 집중력을 기를 수 있는 활동보다 밖으로 다니며 직접 몸으로 경험하는 체험활동을 많이 하지요. 이 경우 아이의 학년이 올라갈수록 공부에 어려움을 겪기 쉽습니다. 앉아 있는 습관, 흔히 말하는 '엉덩이 힘'

이 없기 때문이지요.

한편 아이의 말대로 진짜 열심히 공부하지만 공부법이 비효율적이라 노력 대비 성과가 나오지 않기도 합니다. 특히 SNS의 짧은 영상을 많이 본 최근 아이들은 집중력이 현저히 떨어지고 시간을 효과적으로 사용하는 데 어려움이 있습니다. 단순히 눈으로 책을 보는 것이 아닌 요약 정리, 집중법, 암기법 등 다양한 공부법을 알려주고 자신에게 맞는 방법을 찾도록 도와주세요. 시각적, 청각적, 체험적 학습법 중 무엇이 자신에게 가장 효과적인지 아이 스스로 파악해야 합니다.

시간을 효율적으로 관리하는 방법을 알려주는 것도 도움이 됩니다. 쉬는 시간과 공부 시간을 적절히 배분한 구체적인 시간표를 작성하도록 하세요. 또는 짧고 집중적인 공부 세션(포모도로 기법, 소리 내서 읽기 등)을 활용하는 것도 좋습니다.

한편 기초 개념이 부족하면 밑 빠진 독에 물을 붓는 것처럼 조금만 변형된 문제가 나오면 번번이 틀리기도 합니다. 시간이 다소 걸리더라도 기초를 다시 세우는 인내심을 지녀야 합니다.

실제 시험에서 제 실력을 발휘할 수 있게 하려면 아이가 시험에 대한 부담이나 스트레스가 없는지도 살펴야 합니다. 호흡, 명상, 긍정적 자기 대화 등이 평정심을 유지하는 데 도움이 되니 아이와 함께 실천해보세요.

❀ 이렇게 해보세요 ❀

사춘기 아이에게 하는 꾸중은 잔소리로 받아들여질 뿐입니다. 아이를 나무라는 말투를 멈추고 함께 문제를 해결하고자 하는 동반자적 태도를 보여주세요. 학습 스타일과 기초 지식을 점검하고, 효과적인 공부 방법과 시간 관리, 심리적 지원 등을 통해 아이가 잠재력을 최대한 발휘할 수 있도록 도와주세요.

❀ 이렇게 말해보세요 ❀

마음 표현	"공부할 때 환경을 조금 바꾸어보면 어떨까?"
공감	"열심히 했는데 너도 많이 답답했구나."
행동	"소리 내어 읽는 방법이 공부 효과를 높여준다는데 한번 같이 해볼까?"
바람	"다양한 공부법이 있으니 너에게 맞는 방법을 찾아보면 좋겠어."
인정	"이런 상황이라 성적이 잘 나오지 않았구나. 엄마가 그걸 몰랐네. 너도 답답했겠구나. 앞으로 엄마도 어떤 방법이 있는지 함께 찾아볼게."

Q11 아침부터 짜증을 내서 깨우기가 겁날 정도입니다

아침에 아이를 깨우는 게 너무 힘들어요. 알아서 일어나지 못하니 깨워야 하는데 벌떡 일어나지도 않을뿐더러 학교 가기 전까지 계속 화가 나 있는 표정에, 말투도 짜증이 나 있습니다. 많은 부모 교육 관련 책을 읽고 참고 또 참고 계속 참아보지만 도대체 이유를 알 수 가 없고 어떻게 아이를 대해야 할지 모르겠어요. 어느 날은 인사도 하지 않고 집을 나서는 날도 있습니다. 혼을 내보기도 했지만 아침마다 큰소리가 오가는 게 저도 괴로워서 결국 포기했어요. 자식이 이렇게 힘들게 할 줄 꿈에도 몰랐네요.

💬 사춘기에는 잠을 불러오는 멜라토닌이라는 신경전달물질의 분비가 이전보다 1~2시간 정도 늦는다는 연구결과가 있습니다. 때문에 10시면 잠에 들었던 아이가 12시가 되어도 졸려하지 않는 것이지요. 문제는 사춘기에 아이들의 등교시간은 더욱 빨라진다는 것입니다. 충분한 수면시간을 확보하기 어렵고 수면의 질까지 낮다면 더욱 피곤할 수밖에 없는 것이지요.

사춘기에는 보통 8~10시간의 수면을 권장합니다. 그러나 학원, 야간자율학습 등 한국 입시환경에 놓인 아이들은 늦게까지 잠을 잘 수 없습니다. 또 전자기기의 영향도 무시하지 못합니다. 방 안에 들어가서도 핸드폰을 잠자기 직전까지 사용하는 습관으

로 멜라토닌이 억제되고 생체리듬 또한 일정하지 않게 유지되곤 합니다.

일찍 자라는 잔소리 대신 기상시간을 점진적으로 앞당겨 생체리듬을 맞추어나가야 합니다. 주말에도 너무 늦게 자고 늦게 일어나지 않게 일관된 수면 패턴을 유지하도록 해주세요.

또 다른 원인은 청소년기 영양의 불균형에서 찾을 수 있습니다. 대부분의 아이는 아침을 균형 잡힌 식단으로 먹지 못한 채 일과를 시작합니다. 영양소가 부족하면 에너지가 떨어집니다. 에너지가 떨어지면 작은 일에도 짜증이 나지요. 다정함은 체력에서 나온다는 말을 들어보셨을 것입니다. 신경전달물질인 세로토닌, 도파민을 활성화하려면 아미노산, 비타민, 미네랄과 같은 영양소가 필요하므로 균형 있는 식단에 신경 써주세요.

❀ 이렇게 해보세요 ❀

작은 보상을 통해 긍정 행동을 강화하는 방법을 생각해볼 수 있습니다. 사춘기 아이가 더 이상 칭찬 스티커를 모으던 어린아이도 아닌데 과연 이 방법이 통할까 싶지만 칭찬과 보상은 성인에게도 유효한 행동 교정법입니다. 또한 아이가 짜증을 낼 때는 과도하게 반응하지 마세요. 아무런 반응을 보이지 않아야 행동 강화를 이끌어내지 않습니다.

❀ 이렇게 말해보세요 ❀

마음 표현	"짜증이 많이 나지? 충분히 그럴 수 있어. 하지만 엄마는 네가 감정에 대해 잘 조절하는 방법을 알았으면 좋겠어."
공감	"너도 마음이 왜 그런지 모르니 얼마나 답답하겠어. 청소년기에는 호르몬 때문에 기분이나 감정이 자기도 모르게 변할 수 있대."
행동	"짜증이 날 때 기분 좋은 생각을 해보면 어떨까?"
바람	"어렵다는 거 알지만 엄마는 ○○가 감정을 잘 달래봤으면 좋겠어. 기분은 선택하지 못해도 태도는 선택할 수 있으니까."
인정	"너의 감정이나 기분을 잘 이해하지 못했어. 일부러 엄마에게 그런 게 아니라 호르몬의 영향으로 인해 그랬다는 걸 모르고 너에게 그동안 지적만 했네."

멀어지고 싶지 않은데 아이는 그럴 생각이
없다고 합니다

저는 매번 아이와 대화를 하면 실패로 돌아갑니다. 숨을 들이마시고 '오늘은 아이의 입장에서 생각해야지'라고 다짐하고 시작하지만 입을 떼면 큰소리가 나오고 아이는 자기를 이해하지 못한다고 소리칩니다. 저는 정말 아이와 잘 지내고 싶어요. 사춘기 때 한번 어긋난 관계가 평생 이어질까 봐 두렵습니다. 저한테 문제가 있는 건지 아이한테 문제가 있는 건지 잘 모르겠습니다.

사춘기에는 독립성을 추구하며 부모님과 거리를 두려고 하는 경향이 있지만 부모님과의 긍정적인 관계는 여전히 아이의 인생에 지대한 영향을 미칩니다. 때문에 사춘기 아이의 짜증은 부모가 견뎌야 할 숙명으로 받아들이고 참고 이해하는 편이 좋습니다.

아이의 입장에서 이해하려고 노력하지만 잘 안 될 경우에는 좀 더 작은 주제의 대화로 가볍게 시작해보세요. 아이가 좋아하는 음악, 게임, 스포츠 등으로 부담 없이 말의 물꼬를 터보세요. 이때 부모님의 머릿속에 '공부는 안 하고', '그걸 할 시간에 공부를 하면'이라는 생각이 조금이라도 있지 않은지 꼭 점검해보셔야 합니다.

아이가 무언가를 이야기할 때 판단하지도 마세요. 아이는 옳고 그름을 듣고 싶은 게 아닙니다. 즐거운 감정, 재미있는 감정을 엄마 아빠와 공유하고 싶은 것뿐이지요. 공감이 잘되지 않는다면 조금은 의식적인 리액션으로 시작해보세요. "아, 정말?", "진짜 그랬어?" 이 두 가지 말만 잘 사용해도 아이의 마음을 얻을 수 있습니다. 처음에는 의식적으로 하지만 시간이 지나다 보면 아이의 눈을 쳐다보고 진심으로 말하는 날이 분명 올 것입니다.

한편 무거운 문제나 주제에 대해 이야기하고 싶다면 천천히 접근해야 합니다. 아이의 컨디션이 좋은지, 다른 예민한 일은 없었는지를 살피고 부드럽게 말을 걸어보세요.

새로운 취미를 함께 시작해보는 것도 좋습니다. 요리, 등산, 사진 찍기 등 서로가 즐길 수 있는 취미를 함께하면 자연스럽게 대화가 늘어납니다. 이때도 부모님의 취미를 함께하자고 강요하는 것이 아닌 아이의 취미를 부모님이 함께하는 편이 좋습니다.

✿ 이렇게 해보세요 ✿

아이와 공통된 관심사를 찾았다면 아이가 편안하게 이야기할 수 있는 가정 분위기를 만들어주는 것이 중요합니다. 아이의 말에 잦은 강요나 압박, 비판이나 비난을 한 적은 없었는지 주기적으로 살펴보세요.

✿ 이렇게 말해보세요 ✿

마음 표현	"엄마는 ○○랑 이야기하고 싶어."
공감	"○○가 좋아하는 영화, 엄마도 그거 굉장히 재밌어 보이더라."
행동	"엄마랑 같이 주말에 그 영화 또 볼까?"
바람	"엄마는 네가 좋아하는 건 다 좋아. 기회되면 엄마가 좋아하는 것도 이야기해주고 싶어. 우리 가끔 함께 영화 보는 건 어때?"
인정	"그동안 네가 좋아하는 걸 엄마가 사소하고 하찮게 여겨서 속상했겠다. 앞으로 엄마도 ○○랑 재미있고 즐거운 이야기 많이 하려고 노력할 거야."

자기만 명품이 없다고 사달라는 아이,
사줘야 하나요?

친구들이 하나둘 명품을 가지고 다닌다고 하며 학교만 갔
다 오면 불만을 표시해요. 돈도 돈이지만 고등학생이 명품
을 굳이 가지고 다닐 필요가 있나 해서 아예 들은 척을 안
했더니 계속해서 불만을 표시하고, 언제 엄마가 나한테 제
대로 된 거 사줘본 적이 있냐며 따지더라고요. 나름 그동안
올바르게 교육시키고 저희 부부도 모범된 삶을 보였다고 생
각했는데 아이를 보면 참 가슴이 답답합니다. 저의 어떤 육
아가 아이를 이렇게 만들었는지 모르겠고, 어디부터 설명
을 해야 하는 것인지도 모르겠습니다. 그러다 보니 아이와
대화를 하고 싶지 않은 마음까지 생깁니다.

사춘기 아이가 "나만 명품 하나도 없어!"라고 말하며 부
모에게 무리한 요구를 한다고 느낄 때 대처하는 방법은 매우 중
요합니다. 아이의 감정을 이해하고 동시에 현실적이고 교육적인
대화를 할 수 있는 기회로 삼는 것이 바람직합니다.

먼저 아이가 느끼는 사회적 압박과 비교 심리를 이해해주는
것이 좋습니다. 그다음 명품의 의미와 가치 그리고 행복에 미치
는 영향을 이야기 나누어보세요. 물질적인 것보다 더 중요한 가
치 이를테면 성취감, 관계, 자기 발전 등에 대해 이야기해보세요.

"명품이 행복을 가져다줄 수도 있지만, 진정한 행복은 우리가 스스로 이룬 성취와 관계에서 오는 거야"와 같은 메시지를 전달하세요. 지나치게 가르침을 전하려고 하기보다 아이의 마음에 충분히 공감하는 것이 중요합니다.

다음으로 현실적인 가정 경제에 대해 이야기 나누어보세요. 명품의 가격과 부모님의 경제적 상황을 솔직하고 현실적으로 설명해주세요. 이때 가정경제에 부담이 되는 물건을 막무가내로 사달라고 하는 아이를 나무라거나 비난하는 태도로 설명해서는 안 됩니다. 그저 담담하게 말해주세요.

나아가 돈의 가치와 소비의 중요성에 관해 이야기하고 예산을 세워 돈을 사용하는 법을 가르쳐주면 좋습니다 "네가 원하는 것을 사기 위해선 저축이 필요해. 작은 액수부터 시작해보자"라는 식으로 아이가 스스로 돈을 관리하고 원하는 것을 구입할 수 있는 계단식 방법을 알려준다면 대부분의 아이들은 실천하려고 노력합니다.

🌸 이렇게 해보세요 🌸

부모님이 물질적인 것보다 가족과의 시간, 자아 성취 등 더 중요한 가치를 중시하는 삶을 행동으로 보여주는 것이 좋습니다. 소박한 삶을 살면서도 일상의 작은 행복에 만족하는 태도를 보여주어야 합니다. 경험과 관계를 중시하는 가족 문화를 만드는 것도 바람직합니다. 가족과 함께하는 여행, 취미 활동 등을 통해 아이가 새로운 가치를 발견할 수 있도록 해주세요.

🌸 이렇게 말해보세요 🌸

마음 표현	"물질적인 가치도 중요하지만 취미를 같이하거나 여행하면서 새로운 즐거움을 너와 함께 알아가고 싶어."
공감	"네가 그렇게 느끼는 거 충분히 이해해. 명품을 갖고 싶은 마음도 이해하지."
행동	"이번에 가족여행을 가보고 이후 돈을 모아 가지고 싶은 물건을 사보는 것은 어떨까?
바람	"물질적인 것도 기쁨을 줄 수 있지. 그리고 우리가 여행하며 추억을 쌓는 것도 평생 마음속에 남아 우리를 즐겁게 할 거야."
인정	"엄마도 ○○의 마음을 이해하지 못하고, 차근차근 소중한 것들에 대해 말해주지 못해 미안한 마음이 들었어."

Q14 엄마가 거실에 있으면 숨이 막힌답니다

제가 거실에 있으면 부담스럽다고 밖에서 나가서 일을 보던
지 놀다가 오라고 자꾸 말합니다. 제가 공부 이야기를 하거
나 시험에 대해 관심을 보여서 그런가 하고 아예 그 주제는
꺼내지 않고 있습니다. 그런데도 저보고 계속 밖에 나가 있
으라고 하니 이제껏 제 일을 뒤로 하고 집에서 애써 키워줬
는데 괘씸하기도 하고 속상해서 눈물이 나더라고요. 하루
는 갈 데가 없어서 차에 가서 앉아 있기도 했습니다. 이렇게
아이가 원하는 대로 피해주는 게 맞는 걸까요?

💬   보기에는 공부도 안 하고 핸드폰만 하는 것 같아도 아이
는 부모님보다 훨씬 불안한 마음으로 미래를 걱정하고 있습니
다. 다시 말해 사춘기 아이는 '어떤 부모'라서가 아니라 '부모의
존재 자체'에 대해서 부담을 느끼는 것이지요. 부모님이 아이와
대화할 때 지시어를 사용하거나 압박을 가하지 않았다고 생각하
는데 아이 입장에서는 그렇지 않을 때도 많습니다.
  거실에 은은히 깔려 있는 압박감을 느끼며 집 전체가 아니라
자기 방 하나만 자기 것으로 간주하고 거실에 잘 나오지 않는 경
우도 흔합니다. 나머지는 부모의 영역이라고 생각하는 것이지
요. 아이는 자신만의 공간을 원하고 부모의 존재가 이를 방해한
다고 느끼기도 합니다. 오히려 부모가 없을 때는 거실에 나와 공

부를 하기도 하고 편히 누워 있기도 하지요.

사춘기의 자연스러운 현상으로 때로는 부모와 아이가 독립된 상황에서 공간의 자유를 만끽하는 것도 필요합니다. 아이가 필요로 하는 개인 공간과 시간을 존중해주세요. 거실 대신 자신의 방에서 시간을 보내는 것을 마뜩잖게 보지 마세요. 또 거실에 나와서 조금 흐트러진 모습으로 있는 걸 보더라도 이를 존중해주어야 합니다. 과자봉지나 물건이 제자리에 놓여 있지 않더라도 잔소리 대신 별말 없이 자연스럽게 치워주시는 것이 좋습니다.

엄마의 입장에서는 서운한 마음이 드는 것도 당연합니다. 하지만 우리 아이가 독립적인 어른으로 성장하려면 엄마 품에서 필연적으로 분리되어 나가야 한다는 사실을 잊지 마세요. 엄마의 인생도 깁니다. 너무 늦었다고 생각하지 말고 새로운 취미나 운동, 공부 등에 도전해보세요.

사춘기는 부모와 아이 모두에게 도전적인 시기입니다. 아이의 변화하는 감정과 필요를 이해하고 적절히 대응하면 이 시기를 원만하게 보낼 수 있을 것입니다.

❀ 이렇게 해보세요 ❀

아이가 함께하는 시간을 부담스럽게 느끼지 않도록 가벼운 대화를 시도해보세요. 자주 마주치지 않도록 피하기 전에 함께하는 편안한 시간을 마련해보는 시도를 해보았으면 합니다.

❀ 이렇게 말해보세요 ❀

마음 표현	"거실에 나와서 가족들과 이야기도 하고 주말엔 TV도 보면서 함께 시간을 보내고 싶어."
공감	"그래, 그런 부담되는 마음이 있었구나. 엄마가 잘 몰랐네. 생각해보니 엄마도 어릴 적에 그랬던 것 같아."
행동	"엄마가 부담을 주지 않게 가끔은 밖에도 나가고 ○○도 엄마랑 이야기해서 서로를 존중하는 방향으로 바꾸어보면 어떨까?"
바람	"엄마는 네가 자식이라서 가끔은 요즘 지내는 이야기를 나누고 싶기도 해. 우리 서로의 기분을 알고 부담 없이 편안하게 이야기하면 좋겠어."
인정	"그동안 너의 마음을 모르고 밖에 왜 안 나오냐고 나무라기만 하고, 너의 이야기를 잘 들어주지 않은 것 같네. 너도 많이 속상했겠어. 엄마도 ○○의 이야기를 자세히 듣고 존중하는 마음을 갖고 행동하려고 노력해볼게."

Q15 SNS '좋아요'에 집착하는 아이, 괜찮은 걸까요?

아이가 어느 날 집에 들어오더니 침대에 핸드폰을 던져버리며 이렇게 말하더군요. "아, 짜증 나 죽겠어. 다른 애들은 맨날 기분 좋은 일만 있는 거 같은데 나는 기분 나쁜 일만 가득 해. 애들이 내 거에는 '좋아요'도 안 누르고 댓글도 안 달아. 아, 아무것도 하기 싫고 먹기도 싫다." SNS의 댓글 하나에 민감한 모습도 당황스러운데 자기 일상까지 폄하하는 것을 보며 도무지 어떤 말을 해주어야 할지 모르겠더라고요.

💬　아이가 갑작스럽게 이런 감정을 표현한다면 그 배경에는 친구 문제가 있을 수 있습니다. 아이에게 어떤 어려움이 있는지 이해하려고 노력해야 합니다. 아이의 말을 비난하지 말고 진지하게 들어주세요. 아이가 SNS를 더 이상 하기 싫어 하는 감정을 완전히 이해한다고 공감을 표현하고 부모님의 마음을 전해보는 것이 좋습니다. 이때는 아이 태도에 집중해 학생의 역할이나 예의와 관련된 이야기는 꺼내지 않아야 합니다.

　보이는 게 전부가 아니라는 사실을 알려주고, 다른 사람한테 관심을 받지 않더라도 자신을 사랑하고 존귀한 존재로 스스로를 인정할 수 있는 방법을 부모님이 알려주어야 합니다.

또래 관계에 민감한 사춘기에는 다른 사람과 자신을 비교하면서 자신의 우위를 드러내고 싶은 마음이 존재합니다. 평소 부모님이 아이가 잘하는 것, 좋아하는 것, 아이의 장점을 자주 이야기해준다면 열등감에 흔들리지 않고 자존감이 튼튼한 어른으로 자라날 것입니다.

※ 이렇게 말해보세요 ※

마음 표현	"네가 그런 기분이 들어서 너무 속상했겠네. 어떤 일이 있었는지 듣고 싶어."
공감	"네가 그런 마음을 느끼는 거 이해해. 누구나 때때로 그런 기분을 느끼기도 하니까."
행동	"그래도 ○○에게도 작지만 매일 즐거운 일이 있잖아. 그런 순간들을 소중히 여기고 같이 만들어가보자."
바람	"엄마는 ○○가 다른 사람에게 인정받는 것보다 자신을 충분히 사랑하는게 더 중요하다고 생각해."
인정	"갑자기 화를 내니 처음엔 이해를 못했어. 하지만 이야기를 나누니 그 감정이 이해되네."

Q16 아이가 조별 활동에서 소외되어 힘들어합니다

아이는 화가 잔뜩 나서 집으로 들어왔습니다. 방에 들어가 문을 잠그더니 나오지도 않고 불러도 대답하지 않습니다. 살살 달래서 물어보니 오늘 조별 과제를 하기 위해 조를 짰는데 친한 친구들도 자길 선택하지 않았다고 하네요. "○○랑 하면 점수 안 나오니까"라는 게 이유라고 했습니다. 자기도 그 정도의 눈치는 있다면서 밥도 먹기 싫고 학교도 가기 싫다고 합니다.

● 학교에서 이와 같은 일은 자주 일어납니다. 우선 이런 경험을 하고도 말로 표현하지 않고 집에 와서 화도 내지 않는 아이에 비해 표현하는 아이가 훨씬 건강하고 바람직한 아이라는 점을 기억해주세요.

아이가 강한 감정을 품고 있는 상황에서는 어떤 조언을 하려고 하기보다 먼저 아이의 감정을 진정시켜야 합니다. 같은 상황이라면 누구나 자존심이 상하고 화가 나고 감정을 말로 표현하기 어렵다는 사실을 알려주고, 엄마라도 아주 속상했을 것이라고 덧붙이세요.

사춘기 아이는 조별 과제에서 선택받지 못할 때 좌절감을 크게 느낍니다. 타인의 평가에 민감한 시기이기 때문에 자신을 쓸모없는 존재라고 생각하기 쉽습니다. 이때 중요한 것은 회복탄력성, 즉 실패했을 때 다시 돌아오는 힘입니다. 비단 조별 과제라는 작은 범위의 문제로 한정 짓지 말고 인간관계에서 거절당했을 때 극복하는 능력을 키워주는 것이 근본적인 해결책이 될 수 있습니다. 살면서 언제나 이러한 문제는 반복되기 마련이고 중요한 것은 좌절감이 들었을 때 회복하는 힘이라고 이야기해주세요. 부모님과 차근차근 이야기하면서 스스로를 객관화한 뒤 보완할 수 있는 방법을 찾아보는 것도 바람직합니다.

✿ 이렇게 해보세요 ✿

사춘기에는 타인을 거울삼아 자아정체성이 형성되기에 타인의 평가
에 깊이 반응합니다. 아이의 감정이 격해 있는데 너무 많은 이야기를
시도하기보다 잠시 기다려주는 편이 좋습니다. 감정이 잦아들면 아
이의 성향에 맞는 해결책을 함께 찾아보세요.

✿ 이렇게 말해보세요 ✿

마음 표현	"모든 사람이 가끔 이런 상황을 겪어. 그때 어떤 감정을 느꼈는지 이야기해줄 수 있을까?"
공감	"네가 너무 속상했겠네. 엄마였다면 울거나 더 화를 냈을지도 몰라."
행동	"이런 상황에서도 배울 점은 있어. 다음엔 스스로를 먼저 지킬 수 있는 방법을 찾아보자."
바람	"자신을 평가하는 건 너무 중요하지만, 다른 사람들의 선택이 항상 올바른 가치를 말하는 건 아니니까 거기에 흔들리지 않았으면 해. 그러려면 늘 자신을 귀한 존재로 생각해야 해. 엄마는 ○○가 지혜롭게 생각하길 바라."
인정	"네가 그 순간 얼마나 힘들었을지 정말 이해가 돼. "

할 일을 자꾸 미루는 아이,
습관을 안 잡아준 제 탓일까요?

아이가 "조금만 기다려, 내가 한다는데 왜 자꾸 잔소리야!"
라고 말하면서 결국 시간에 쫓겨 해야 할 일을 끝내지 못합
니다. 미리미리 해야 한다고 꾸중해도 신경 쓰지 말라고 짜
증 섞인 대답을 하네요. 어렸을 때 기본생활습관을 제대로
안 잡아준 제 탓인지 자책이 됩니다.

먼저 아이가 일을 미루는 이유를 정확히 파악해야 합니
다. 학습을 미룰 경우, 과제가 너무 어렵거나 복잡해서 자신감을
잃었기 때문일 수도 있습니다. 아이와 함께 목표와 구체적인 계
획을 세워보세요. 작은 목표부터 시작해서 단계적으로 성취해나
가는 방법을 제안해주세요.

아이가 학습을 하는 데 필요한 자원을 제공하세요. 학습을 시
작하고 진행할 때 꾸준히 격려해주는 것도 잊지 마세요. 작은 성
취라도 축하해주고 어려운 과제에 꾸준히 도전하도록 장려해주
세요.

만약 기본생활습관과 관련된 경우라면 어릴 적부터 규칙적인
습관이 잘 지켜지지 않았던 것이 원인입니다. 여러 번 이야기를
해도 입은 옷을 빨래통에 넣지 않는다거나, 밥을 먹으라고 몇 번
이고 말해도 바로 오지 않아 시간이 지체되는 것과 같은 예가 바

로 그것입니다. 다만 아이에 따라 부모의 말을 잘 따라오는 아이도 있는 반면 기질적으로 그렇지 못한 아이도 있으니 부모님이 너무 자책하지 않아도 됩니다. 어른도 아닌데 아직 고칠 수 있지 않나 생각하고 부모님은 지도하겠지만 사실 청소년기에 이를 시정하기에는 어려운 감이 있습니다. 아이가 기본생활습관에 대한 지도를 잔소리로 받아들이기 때문입니다. 이때 가장 좋은 방법은 부모님이 말보다 행동으로 모범을 보이는 것입니다. 사춘기 아이는 부모가 지키지 못하는 것을 자신에게 강요할 때 강한 반발심을 내비치며 마음 깊은 곳에서는 부모를 무시하기도 하기 때문입니다.

한편 아이가 제 일을 제때 하지 못하고 미룰 경우 부모님이 답답해서 알아서 모든 것을 해주기도 하는데 이는 독립심을 키우는 데 전혀 도움을 주지 못합니다. 사춘기는 제2의 유아기로 미숙한 부분을 채워나가는 시기입니다. 조금 답답하더라도 꾹 참고 아이가 자신이 만든 결과에 대해 불편함을 느끼도록 해주세요. 불편한 경험이 반복되다 보면 불편함을 해소하기 위해 습관을 교정하게 될 것입니다.

아이가 미루지 않고 할 일을 할 때는 칭찬을 아끼지 말아야 합니다. 긍정적인 강화를 통해 원래부터 그런 아이가 아님을 일깨워주고 동기를 부여하세요. 또한 부모님 스스로 아이의 모범이 되는 행동을 해야 합니다.

❀ 이렇게 말해보세요 ❀

마음 표현	"엄마는 네가 일을 미루면 마음이 불안해. 미루지 않고 미리미리 해주면 좋을 것 같아."
공감	"아, 그렇구나. 너도 그렇게 하고 싶지 않은데 자주 그런 일이 생겨서 많이 속상했겠구나."
행동	"자주 미루게 되니 계획을 세워서 하나하나 천천히 해보면 어떨까?"
바람	"잘 안 될 수 있어. 모든 것을 처음부터 완벽하게 하기엔 힘드니까 하루에 한 가지씩만 미루지 않고 하다 보면 좋은 결과를 만들어낼 거야."
인정	"자꾸 미루게 돼서 너도 얼마나 힘들었을지 네 이야기를 들으니 충분히 이해가 돼. 엄마까지 한몫했구나. 잘 안 되는 일이 있으면 언제든지 도와줄 수 있으니 엄마도 ○○를 응원할게."

Q18 외모에 너무 많은 시간을 쏟습니다

내일이 시험인데도 얼굴을 꾸미는 데 온 신경이 집중되어 있습니다. 머리 만지는 시간까지 하면 거의 매일 두 시간 이상을 씁니다. 인터넷에서 마음에 든 옷을 보고 사달라고 하기도 하고, 아직 멀쩡한 운동화를 두고도 자꾸 새 걸 신고 싶어 하기도 합니다. 제가 화가 나는 건 그렇게 갖고 싶다고 산 옷을 안 입는 경우도 너무 많다는 거예요. 매일 아침마다 입을 옷이 없고 마음에 드는 게 하나도 없다고 투덜대니 저도 한계에 도달했습니다.

● 　사춘기는 신체 성장과 더불어 이성에도 관심이 생기는 시기입니다. 좋아하는 친구가 생기면 잘 보이고 싶은 욕구가 생기기도 합니다. 여자친구나 남자친구가 생기지 않아도 또래 간에 외면적으로 더 우월하고 싶은 마음도 듭니다. 그러나 코앞에 시험이 있다거나 다른 중요한 일이 있는데 멋을 부리는 데만 치중한다면 당장 중요한 일이 무엇인지 설명해주어야 합니다. 시험이 대학 진학이나 꿈을 이루는 데 중요한 요소임을 일깨워주는 것도 좋습니다.
　쇼핑을 좋아하고 새로운 옷을 가지고 싶어 하는 욕구는 사춘기 아이에게 흔히 일어나는 마음입니다. 그 욕구 자체를 무시하고 유별나다고 비난하지 말아야 합니다. 다만 모든 것을 새것으

로 마련하는 것은 비용과 시간 낭비일 때도 있습니다. "무슨 돈
도 못 버는 애가⋯⋯"라는 말을 앞세우면 사춘기 아이는 폭발에
가까운 행동을 하게 되고 부모님도 아이를 제어할 수 없습니다.
사춘기에는 간결한 말과 객관적인 방법으로 문제를 대해야 합니
다. 아이 이름으로 아이디를 만들어서 중고앱을 이용하게 하거
나 플리 마켓을 활용하도록 해보세요. 아이의 독립심도 기르고
소비에 대한 관점을 바꿔줄 수 있을 것입니다.

😊 이렇게 해보세요 😊

아이를 한심하다는 시선으로 보지 마시고 이제 어른이 되려고 저러는구나 하는 따뜻한 시선으로 접근하는 것이 좋습니다. 나름대로 이유가 있지만 부모님에게 말하고 싶지 않을 수도 있습니다. 너무 구체적으로 묻지 마시고 적당히 스스로 결정을 내리고 그 결정에 책임을 지도록 해야 합니다.

😊 이렇게 말해보세요 😊

마음 표현	"왜 옷을 다시 사야 하는지 엄마한테 이야기해주면 좋겠어."
공감	"아, 정말 그런 마음 들겠다. 우리 아들이 잘생겨서 그런 옷도 잘 어울릴 거 같네."
행동	"엄마랑 같이 한번 골라볼까?"
바람	"다음부터는 왜 새 옷이 입고 싶은지, 왜 특별히 얼굴을 멋있게 하고 싶은지 짜증 내지 말고 이야기해주면 좋겠어. 엄마가 모를 수 있으니 엄마를 가끔 이해해주었으면 해."
인정	"엄마도 어렸을 때 그랬는데 그런 건 생각도 못하고 ○○한테만 엄마가 이상하다고 말했네."

Q19 "엄마도 잘 모르면서"라는 아이의 말에
자존심이 상합니다

요즘 들어 아이가 말끝마다 "엄마도 잘 모르면서 왜 가르치려고 해?"라고 말합니다. 아이가 숙제를 가져와서 물어보면 사실 잘 모르는 게 더 많은데요. 모른다고 말하면 아이가 무시할까 봐 몇 번을 머뭇거린 적이 있습니다. 그 후부터 아이가 그렇게 말했던 거 같습니다. 세상은 너무 빠르게 돌아가고 저는 그만큼 따라가지 못하는 듯합니다. 계속 무시당할까 봐 아이 앞에서는 모르는 게 있어도 인정하기가 싫을 뿐더러 자존심도 무척 상합니다.

💬 아이가 나이를 먹어도 부모는 계속 어린아이같이 여기며 챙겨야 한다고 생각하지요. 그러나 아이는 독립적인 개체이며 특히 사춘기에 접어들면서는 한 단계씩 성인으로 성장하는 중입니다. 때문에 아이가 어렸을 때처럼 부모 자식 간 지식이나 지혜의 차이가 상당히 벌어지지 않는 순간도 종종 찾아옵니다.

아이 앞에서 부족함을 솔직하게 인정할 용기를 내는 것도 부모의 역할입니다. 아이가 질문을 하거나 도움을 요청할 때 부모님이 잘 모르는 경우가 있다면 담백하게 인정해보세요. "그건 잘 모르겠네. 같이 찾아보도록 하자. 엄마도 잘 몰라서 그래"라는 식으로 긍정적인 반응을 보여주는 것이 중요합니다.

세상이 빠르게 변하고 있고 SNS의 영향도 커지고 있는 지금, 부모가 모든 것을 알기는 어렵습니다. 이런 변화에 대해 아이에게 솔직하게 설명하고 함께 문제를 해결하면서 배우는 과정을 즐기도록 해보세요.

✿ 이렇게 해보세요 ✿

부모의 한계를 인정하는 것은 부모의 권위를 무너뜨리는 행동이 아니라, 오히려 건강한 가정 분위기를 만드는 기회입니다. 서로의 입장을 존중하는 태도를 만드는 발판으로 삼으세요. 함께 배우며 서로를 지지해가는 과정 속에서 아이도 부모도 성장하는 것입니다.

✿ 이렇게 말해보세요 ✿

마음 표현	"엄마가 모른다고 무시하니까 기분이 많이 속상해. 다음에는 엄마도 모를 수 있다고 생각하고 물어봐주면 안 될까?"
공감	"엄마가 자꾸 모르는 거 같은데 가르치려고 하니까 기분이 나빴을 수도 있었겠네. 입장을 바꿔서 생각하니 엄마도 그런 기분이 들었을 것 같아."
행동	"엄마도 모르는 게 많아. 부모가 되어본 것도 처음이라 모르는 것도 있고 나이가 많으니 요즘 나오는 것들에 대해 생소하기도 해. 엄마랑 함께 찾아보고 알아보면 좋을 것 같은데……."
바람	"엄마가 모르는 게 있어도 한숨 쉬거나 모른다고 뭐라 하지 말고 '엄마도 모르는 게 있을 수 있지'라고 생각하고 같이 문제를 해결하면 좋겠어."
인정	"사실 엄마도 ○○에게 모른다고 이야기하는 게 부모로서 권위가 없어지는 거 같아서 인정을 못하고 화를 낸 적도 있어. 앞으로는 솔직하게 말할게. 이해해줘서 고마워."

Q20 연예인이 되고 싶다는 아이를 어떡할까요?

아이가 어느 날부터 연예인이 되고 싶다고 연기학원에 보내
달라고 합니다. 누군가에게 주목받는 걸 즐기거나 사람들
앞에 나서는 걸 좋아하는 외향적인 아이가 아닌데 말이지
요. 제가 보기에는 진짜 재능이 있는 것보다는 SNS나 미디
어에서 예쁘고 잘생긴 연예인을 자주 접하다 보니 동경심이
생긴 게 아닌가 싶습니다. 계속해서 연예인이 되겠다고 하
면 어떻게 해야 하나요?

💬   아이가 연예인을 한다고 하면 부모님은 터무니없다고 생
각될 수도 있겠지만, 사춘기 아이가 무언가에 흥미를 드러내는
일은 가벼이 여기지 않아야 합니다. 사춘기 아이가 무언가 되고
싶다고 하면서 도움을 요청하는 것은 중요한 신호입니다. 또한
부모님은 아이를 다 안다고 생각하지만 그렇지 않을 때도 있음
을 받아들여야 합니다.
　먼저 해당 분야에서 열정과 장점을 어떻게 발휘할 수 있을지
아이와 함께 진지하게 이야기해보세요. 연예인이 되기 위해서는
창의적인 표현력, 연기력, 인내심, 협력 등 여러 가지 다양한 능
력이 필요하다는 것을 이해시키고 아이의 강점을 점검하고 부족
한 부분은 무엇인지 파악해야 합니다.
　학업과 연기나 노래, 춤 공부를 병행해야 하는 현실 등 연예인

이 되기 위해서는 노력과 희생이 필요하다는 면도 아이가 알 수 있게 도와주어야 합니다. 실제로 연예인 지망생들이 어떤 노력을 하고 있는지 구체적으로 알려주어 막연한 동경심인지 진심으로 흥미가 있는지 스스로 판단하도록 해주세요.

연예인이 되기 위해 필요한 일을 직접 경험해보는 것도 좋습니다. 연기 학원에 등록해 수업을 받거나 연극 동아리 활동을 하게 해보세요. 연예인을 가까이에서 볼 수 있는 연극을 관람하는 것도 좋은 방법입니다.

아이가 떠올린 연예인이라는 진로와 연계된 다양한 직업을 알려주는 것도 바람직합니다. 이를테면 연기를 통해 사람들에게 영향을 주는 것을 좋아한다면 공공 연설이나 커뮤니케이션 분야도 고려할 수도 있습니다. 이런 경험을 충분히 해주고 나면 실제로 해당 분야의 장단점도 알게 되므로 아이 스스로 독립된 판단을 할 수 있습니다.

부모님의 어릴 적 경험에 의거한 판단이나 부모님이 바라는 아이의 미래를 조금 내려놓고, 열린 마음으로 아이가 자신의 가능성을 탐색하고 개발할 수 있도록 기회를 주세요.

✿ 이렇게 해보세요 ✿

아이의 성장과 발전을 지속적으로 관찰하고 지원해야 합니다. 그러다 보면 아이가 원하는 진로를 탐색하다 자신의 재능이 다른 쪽에 있다는 것을 스스로 깨닫기도 합니다. 사춘기 때는 다양한 환경을 접하고 싶어 하고 다양한 생각에 공감받고 싶어 하는 시기입니다. 현실적으로 봤을 때 취업이 안 된다거나 부모님이 바라는 전공이 아니더라도 지지를 멈추지 말아주세요.

✿ 이렇게 말해보세요 ✿

마음 표현	"엄마는 네가 연예인이 되기 전에 다양한 경험을 해보면 더 좋을 것 같아."
공감	"엄마가 너의 마음을 이해하지 못해서 너도 화가 많이 났겠구나. 사실 연예인이 된다면 엄마도 좋은데 네가 힘들고 고생할까 봐 그랬어."
행동	"이제 엄마도 네가 연예인이 되는데 필요한 걸 함께 찾아볼게."
바람	"○○도 엄마한테 필요한 게 있으면 말해줘. 정말 적성에 맞는지 알아보기 위해서는 사전 경험을 해봤으면 해."
인정	"네가 연예인이 되는 것을 엄마도 지원할게. 정말 하고 싶은 일을 하면 자신의 장점이 더 빛난대. 필요한 것들을 함께 알아보자."

이토록 다정한 사춘기 상담소

1판 1쇄 발행 2024년 9월 23일

지은이 이정아
발행인 박명곤 **CEO** 박지성 **CFO** 김영은
기획편집1팀 채대광, 김준원, 이승미, 김윤아, 이상지
기획편집2팀 박일귀, 이은빈, 강민형, 이지은, 박고은
디자인팀 구경표, 유채민, 임지선
마케팅팀 임우열, 김은지, 전상미, 이호, 최고은

펴낸곳 (주)현대지성
출판등록 제406-2014-000124호
전화 070-7791-2136 **팩스** 0303-3444-2136
주소 서울시 강서구 마곡중앙6로 40, 장흥빌딩 10층
홈페이지 www.hdjisung.com **이메일** support@hdjisung.com
제작처 영신사

"Curious and Creative people make Inspiring Contents"
현대지성은 여러분의 의견 하나하나를 소중히 받고 있습니다.
원고 투고, 오탈자 제보, 제휴 제안은 support@hdjisung.com으로 보내주세요.

현대지성 홈페이지

이 책을 만든 사람들
기획·편집 이승미 **디자인** 임지선